U0004044

# catch

catch your eyes ; catch your heart ; catch your mind······

Technology Mirage

# 科技蜃樓

黃心健

CONT ENTS

## 我終於明白，你試著要告訴我的事 _AKIBO

作者為設計師、藝術家

有一天，心健分享給我一個利用手機鏡頭以擴增實境的方式搜尋各類店家的
應用程式，他說：「Akibo，趕快去下載來用用看，未來已經來了！」。心
健對生活上的種種科技事物非常敏感，常常分享給我這方面的訊息。他是一
位觸角敏銳的藝術家，從美國回到台灣的初期，創作了一系列像詩一般的作
品。

我們看到搬遷、環境改變帶給藝術家深深的感受，這一系列作品充滿著特別
的空間物件：台北特有的頂樓加蓋、蓋在高高柱子上的房子、掛著鳥籠的漂
浮建築、複雜巨型機械結合的房子、盤子上的公寓、扭曲的鐵軌鐵道、漂浮
並迴繞著樓梯的金屬下弦月。也有許多器物、生物圖像：一個咖啡壺和一杯
以電線桿為攪拌棒的咖啡、數以千計晾曬的白 T 恤、漂浮的牛皮紙摺船、浮
空的椅子群、飛翔的鳥群……。這些視覺圖像以誇張的大小、數量比例，被
安排放置在超現實的空間裡。身為觀眾的我們很容易被他的畫面吸引，像進
入迷宮般一層一層往內探索，深深地掉進去他所創作的時空裡，不能自拔地
跟著他往藝術、詩詞、哲學的雨林裡探險、思索，去尋求深奧複雜的解答。

記得心健的媽媽說過，他小時候對機械非常好奇；好幾次動手拆解手錶，再
將擺滿桌面的齒輪零件組裝回去。這個小孩心健一直還住在大人心健的身體
裡沒有離開過，《人間機關術》系列作品就是最好的證據。複雜的零件在作
品中互相牽引各司其職，成為精心布置安排的機關裝置。每個作品各自成為
一個運行的宇宙，轉動運行中道出一部部精采但不完整的故事，等待觀眾去
繼續完成；並以實體雕塑、數位雕塑、互動裝置的形式呈現。《上海，我能
跟你跳支舞嗎？》這個互動作品同樣述說著機械、構成、分解、組合，為藝
術家慣用的創作語彙。投影在牆上的上海老建築有了生命，他們變形來模仿

觀眾的姿態外型。這些作品像是一個布置著許多道具陷阱的舞台，吸引不知情的觀眾上台，有時觀眾會成為表演者、成為作品的一部分。這樣的藝術家像是編劇、導演、魔法師或狩獵者。我喜歡這個時期心健的作品所顯露出的神祕、深刻、迷幻、頑皮和天真。

後來在他的作品中開始出現人的寫實形象。《凝視》是個互動作品，當觀眾站到作品前，畫面就會出現一個家族合照，而這個家族的每個成員相貌都相同，就是這位觀眾的臉。互動的原理很簡單，電腦擷取觀眾的臉部影像，即時合成到畫面中。《讀唇術》將死去的藝術家 Andy Warhol 製作成機器人，大型的 Andy 頭像，他的雙眼、嘴唇是由一片片的機械面板組成。由臉書的留言來驅動這些面板，Andy Warhol 的表情因此動了起來，好像有了生命。

心健用這些作品來關注生死、靈魂、血緣、信仰等議題，他的生命在這個時期也有了重大的改變，心健有了家庭、有了小孩。我在欣賞《凝視》後立刻傳一個訊息給他，說：「心健，這個作品好有溫度。」心健外在木訥寡言，其實他是溫暖熱情的，「我們的私房公共藝術」與「花博夢想館」就是他熱情的交際言語，他用作品更深、更廣地接近人群，擁抱觀眾。

《科技蜃樓》這本書讓我們理解這位豐富的藝術家，理解他的思緒脈絡，理解他與時代演進的緊密關係。就像是心健作品的導讀，也像是螢幕背後的祕辛公開。跟著心健回到他錯綜複雜的生命片段，從歷史上的重大事件到生活上的小小經驗；從深奧的理論公式，到一個單字名詞，都可以帶給他深深的感受，觸發他的哲學思考。就像一座炙熱的火山，熔岩滿滿地從每個作品裡噴發出來。讀完這本書心裡的感受，有如那首寫給文森‧梵谷的歌裡面的歌詞：「現在我終於明白，你試著要告訴我的事。」

今天科技的文明還在不斷演進發展，很多創作者迷失在技術與設備的窠臼中，多數的科技藝術作品只看到科技的表現，卻看不到背後的概念思想。心健的創作是完完全全的自由，厚厚實實地感動人，他是我最推薦的台灣當代數位藝術家。

## 又一次的驚嘆，是科技，更是人文！_ 陳國祥

作者為義守大學教授兼傳播與設計學院院長

心健上次出書《象形迷宮》已是 10 年前的事，猶記得當我收到他的贈書時，
立刻就被它的封面設計以及書名給深深的吸引住了。反覆細嚼品味其內文與
插圖時，更是驚嘆連連。因為在整本冊子裡，心健以其充滿哲思的文字、富
含寓意的圖片以及洋溢智慧的程式，反思、記錄與訴說著他過去所累積的點
點滴滴；讓讀者每每駐目於其匪夷所思的圖文之前，久久不得自拔。

認識心健是在 22 年前，1991 年秋我赴伊利諾理工念博士的時候。從我指導
教授 Owen 處得知碩士班有位拿全額獎學金，極其優秀的台灣學生。果不其
然，心健在短短九個月就以前無古人後無來者的紀錄完成其碩士學位，進入
博士學程，二次成為我的學弟。

清楚記得有一次 Owen 教授因受邀到歐洲去演講，行前要我跟心健將個別所
做的研究成果以電腦畫面呈現，再搭配旁白錄製成高自明性的播放檔，方便
他發表。當下我還真不知該如何達成此一任務，只見一旁的心健頻頻點頭，
應道：「No problem, when do you want them?」，「TOMORROW!」於是

當晚我首次到心健的住處，也見識到新科技寵兒的齊全裝備，可謂麻雀雖小五臟俱全；其架構組裝系統的巧手與效率，至今讓我難忘！

這次心健又要出書了，我因迫不及待的想先一睹為快，所以就答應大塊編輯Winnie 小姐，即使在這月底債務纏身（一堆學期成績、研討會論文、待審論文、待審計畫書、應酬尾牙……等等）之際，也要為他的《科技蜃樓》寫序。讀完《科技蜃樓》，發現與他的上一本《象形迷宮》取材完全不同，出發點也大異其趣。雖然在兩次出書間隔的 10 年之間，心健依然日日創作、修文、展出與忙著生活。但是，在《科技蜃樓》裡，心健不再像在《象形迷宮》中把重點放在總結其過去的驚豔成就，分享其內隱的熟思與外顯的功力；反而是透過回顧科技過去如何改變人類，深切反思人類窮其一切所致力發展的科技到底是善是惡？其中很多實例，都是心健親身所經歷，讀來更覺清新、生動。

我想這是心健在玩夠互動科技之後，長年累積沉澱下來，想留給後輩最有價值的心念：慈悲。

# 科技本於人性 _ 黃心健

當所有的媒體都在關注新的科技時，我卻想聊聊舊的科技，因為要知道未來，先要知道過去。

在這科技的時代，我越來越覺得「科技史」的重要，但這樣的歷史，不能單從科技演化的角度去記錄，而是以科技發展為背景，去記錄人性與人類生命形式的改變。

人如何發揮創造力改變自己的環境，而這些嘗試又造成了什麼影響與後果？我非常認同「科技本於人性」這句話，但是它少說了一句：「但是人性有善有惡」。科技中隱藏著人的善念，但也藏著人心的狡詐與貪欲，如果我們要將世界改變得更好，我們必須要能夠解讀科技背後的意圖，和評估這些技術對我們的生活與環境造成怎樣的影響，有了這項科技，到底是一件好事還是帶來更大的問題。如果能夠善用，本來是用於戰爭與殺人的技術，也可以轉換為助人的科技。但是，如果不知如何運用技術，一項好的發明，如同塑膠，也會成為嚴重的問題。

最後，我覺得，有著科技與人文素養的人，可以在這之中發掘許多精采的故事，因為這些真實的歷史，是由無數的聰明才智之士逐漸累積而來，左右世界的走向。

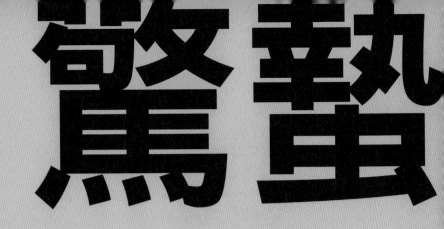

出生之後，這社會教會我人生
的公式，可以歸納如下：

if（生理需求無虞 and 安全需求無
虞 and 愛與隸屬需求無虞 and
尊嚴需求無虞 and 自我實現需
求無虞）

then 持續做下去，並擴大規模。

else 找其他的工作

而我也一直靠這個公式持續前
進，在社會上謀得了不錯的成
就、地位與收入，直到一些看
似無關的社會事件，讓我對這
公式開始產生懷疑……。

# 01
# 17億美金的煙火

對於從小看著無敵鐵金剛、宇宙戰艦大河號等卡通長大的一代,在想像中,駕著金剛不壞的機械翱遊宇宙,是未來必然的事情。在當時,太空梭是這個幻想的實體代表:用 17 億美金打造的巨大白色機體,滿載著最高科技的結晶,被怒吼的火箭推進,後面拖著火焰與濃煙,衝出大氣層的景象。我想,對於全世界的機械工業來說,這應該是類似神祇般的地位。

1986 年 1 月 28 日,當時我是台大機械系大三的學生,那天我在學生宿舍裡吃中飯,看著新聞中太空梭「挑戰者」號的升空;一如往常,這是機械系學生的朝拜時刻,目睹著自己領域的聖物,掙脫了地心引力,再一次證明機械工業的偉大成就。然而,這次機械之神的出巡出了一點小問題:在升空後 1 分 13 秒,在全球人類的注視下,突然在空中爆成一團火球。

這可能是我後來沒有繼續從事機械工程方面的職位,轉而從事設計與娛樂業的因素。在我心中,始終有個揮之不去的陰霾:當人類在複雜上建構了更複雜的科技,我只能了解自己所做的小小部分;是否有一天,會因為我的無心之失,而引發了巨大的災難?如果,我是眾多應該負責的工程師之一,那麼,我只該負千分之一的死亡責任嗎?

這是小學程度的數學,但我的心靈卻無法計算出來。

美國太空梭「挑戰者」號升空不久後發生爆炸。

# 02
# 以生命負責的人

在一次世界大戰前，德國建造一座當時全世界跨距最長的鋼鐵結構橋，這座橋由河的兩岸開始建造，最終在河中心相交。對於總工程師來說，要考慮地理、工程、力學與材料特性種種因素，是個非常複雜的工程計算。全世界只有極為少數的工程師能夠計算這複雜的鐵橋設計，而這位工程師也是這座橋的首席工程師。

他花了很長的時間進行這個龐大且複雜的計算，以確定橋的搭建地點、位置以及建構的角度等，經過反覆的運算，確定一切無誤之後，開始築橋。

當工程進行到一半時，總工程師為了要再次確定計算正確無誤，於是又進行了一次計算，很不幸地，他發現當初的計算是錯誤的。為了表示他最深的歉意，總工程師在一個休工的夜裡，從建到一半的橋上跳下。

總工程師死了以後，他的助手又把原來的工程圖重新計算一次，發現其實第一次的計算是對的，於是，這座橋就維持原案，繼續興建並完工。每當閱讀到工程災難事件時，我常凝視著現場照片，想著如果我是建造者，應該要如何面對這樣的景色。

19 世紀懸臂橋的原理。

2011 年，日本福島核能發電廠因為地震而嚴重受損，大量放射性物質釋入環境中。經過日本國會調查小組 1 年多的調查後，調查報告中描述：「雖然強震與海嘯引發危機，不過福島核電廠接下來發生的事故，不能視為天災。」

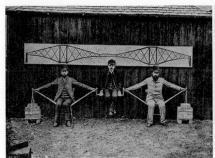

內政部空中勤務總隊提供

2010 年 4 月 26 日發生「國道 3 號走山事件」，是國道有史以來最嚴重的走山意外，估訓總面積 60 萬立方公尺的泥土傾洩掩埋了 6 條車道。

# 03

# 殺人的電玩

因為覺得工程師的職責太重，畢業以後，我選擇進入了電玩界，心想，電腦遊戲為世人帶來快樂，又可以海闊天空地幻想與創作，是我夢寐以求的工作。

因為充滿了熱情，在日以繼夜的工作下，3 年內我已經在 Sony 的電腦娛樂部門，擔任藝術總監的工作。當我覺得工作是如此美好，1999 年發生了一件事，卻永遠地改變了我的想法。

在 1999 年 4 月 20 日，美國的科倫拜（Columbine）高中，兩位沉迷於電玩的高中生，突然攜帶槍械與大量的軍火，模仿第一人稱射擊遊戲（First Person Shooter，簡稱「FPS」）的場景，到校園中任意掃射。槍殺了 12 位學生與 1 名老師之後，自殺身亡。

應該為人帶來歡樂的電腦遊戲，為何會引起這樣的慘劇？

這件事情在我腦中沉澱許久，我開始思考數位文明對於人類世界產生的影響。兩年後，我決定放棄我在電玩界的資歷與人脈，回到台北，開始做一位藝術家，用科技來講述人與科技的故事。

最近在美國桑迪胡克小學發生的幼稚園槍擊慘案，20 名 6 至 7 歲的幼童被兇手亞當 · 蘭扎（Adam Lanza）以長短槍殺害，與他沉迷電玩中所用武器相同。

# 最成功的設計

對一個設計產品而言,最好的設計,應該是沒有使用說明,使用者也可以憑直覺了解這產品的使用方式。

曾有一對美國夫婦,兩人都是高學歷的心理學者,並且非常厭惡暴力。所以,對於自己的孩子,他們從小就不讓他看任何有關暴力的電視。當他們的小孩在小學1年級時,校方邀請一位警察來做防止暴力的演講,為了要了解小孩子對於演講內容是否明白,校方請這位警察在演講完了後,故意將自己的配槍(當然,沒有子彈)留在沒有大人的教室的桌上,並用監視攝影機看看這些兒童會有什麼反應。

讓這些大人跌破眼鏡的是:當這位警察才踏出教室,10分鐘內,班上的小男生蜂擁到桌子前,用正確的手勢拿起手槍對同學比劃;連那位被父母小心保護的兒童,也拿著手槍,對著同學喊著:「砰!砰!你死了!」

不需要教導,甚至無法禁止,槍是人類史上最成功的設計產品。

# 05
# 被物質修改
# 的人性

這是美國 NASA 在先鋒者計畫中送到宇宙，讓外星生物了解人類的圖像（p.24 圖像），但是我想，如果外星生物拿著這個圖版到地球，按圖索驥，那麼他們可能會認不出人類。在地球上，每個人身上或多或少都穿戴了各種服飾，眼鏡，戒指，項鍊，隨身聽，手機，錢包，手錶……對於大部分人來說，都是每天出門必備的行頭，這些器物，持續改變人的性格。

人的行為，很容易地就被他使用的器具所修改。玩 Wii 的時候，對於沒有看過體感遊戲的人，會覺得這是一個瘋子的行為。使用無線藍牙耳機講電話時，好像精神病患在自言自語。

就像中國古代故事「代面」，戴上惡獸面具，蘭陵王有如向面具借用了不同的性格，展現不同的行為──人類所創造的種種器具，在不知不覺中且無時無刻在修改我們的人性。為什麼巨大的砂石車會撞死人？因為司機坐在一個巨大機器的裡面，他自身非常安全，居高臨下，以一種睥睨眾生的角度看這

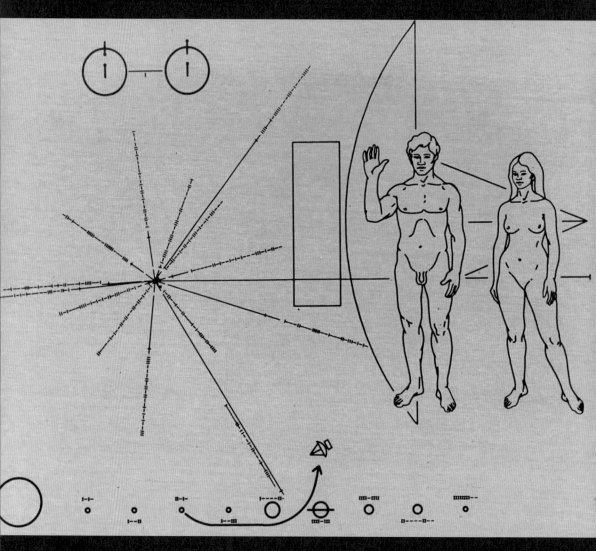

NASA 在先鋒者計劃中送到宇宙，讓外星生物瞭解人類的圖像，但在地球上應該找不到這種長相的人類。

個世界。長期處於這樣的視角下，他們的處世觀很容易被改變：在機械的保護下，外面行人的死活與司機距離遙遠，行人與其他駕駛的表情反應也很難被他看到。由於這種高高在上的感覺是如此美好，每家車廠設計的休旅車也朝卡車看齊，底盤越做越高，直到休旅車引發數起嚴重車禍，美國法院才想到立法限制休旅車的高度，不能與轎車相差太多。

試想：如果卡車的駕駛座放置在與行人等高的位置，當發生意外時，第一個遭殃的就是司機自己，那麼卡車司機一定會小心翼翼地駕駛。卡車司機的機器生命觀與危險的軍事操作，具有同樣的遙控機制意涵；美國軍方所發展的遙控武器，只要坐著就可以操控人的生死，對操控者來說，人的死活只是一些數字而已。我們有能力創造這些器物，但是卻無法知道，這些器物將帶我們走向何處。

工科的人，較少會去思考自身創造物與世界的關係。工程師築橋，但不探討橋對世界有什麼影響；廠商製造電腦，但也不負責電腦對世界帶來的變化。一直到近年，廠商才開始對產品造成的環境污染與健康問題負一部分的責任，開始講求環保與回收。但是，廠商卻從來沒有提過，這些產品對民眾精神上與社會上會造成的影響。手機詐騙已經成為數位產業的高獲利模式，但通訊廠商卻將責任歸屬於社會治安。當年 Nike 成功地行銷了運動鞋，然而成功的行銷與過度的渴望造成了失衡，從 1989 年開始，就陸續有年輕人為了 Nike 鞋而不惜殺人取鞋。蘋果電腦在 1990 年提出的行銷口號是「你最好的力量（The Power to Be Your Best）」，但從未解釋，這力量到底要用到何處。

物質創造者不去思考器物和世界的關係，也不去考量製造出來的東西如何改變了世界。但是，一個受人文學科訓練的人，就常會被問這類的問題：像是寫了這本書，對世界的意義是什麼？畫家與藝術家的創作，也在思索人的本質。但是在工科的訓練中卻很少涵蓋這個主題：「職業與我自己生命的關連與意義是什麼？」這使得物質工作者到最後會感覺困惑，開始問一個簡單的問題：「我的職業，除了讓我賺到錢、繼續活下去之外，我到底在幹什麼？」

故事巢最初的 Logo。介於箭頭與鳥腳印間的符號：如果以人的觀點，
這符號指向左邊，但以鳥的觀點，則指向右邊。

# 停下來，往回看

我們的生命只有在回顧時才能被理解，但是我們必須以向前的態度活著，這生命才會有價值。　　　——齊克果

Life can only be understood backwards; but it must be lived forwards.
　　　——Soren Kiekegaard

當下，是處於過去與未來的這一瞬間。我們一方面勇敢地擁抱新的可能性，但一方面也必須回顧我們行為造成的結果，作為我們創造未來的依據。

# 06

# 搞砸到
# 面目全非

在程式教學裡，常用「foo」與「bar」來當範例，例如：

```
//Java Code
String foo = "Hello, ";
String bar = "World";
System.out.println(foo + bar);
// result: Hello, World
```

但是「foo」與「bar」的意思是什麼？這是二次世界大戰中美軍的俚語，也曾出現在《拯救雷恩大兵》的電影中。本文是 Fubar，是「Fucked Up Beyond All Recognition」的縮寫，中文的意思，大概可以翻譯成「搞砸到面目全非」。

為何程式教學要用這樣的俚語當變數名稱？當我們快活地用著我們的智慧型手機與電腦，裡面有數以百萬計的程式碼在執行，但這些程式的源頭卻隱含著諷刺與悲觀的標注，這就非常耐人尋味了。

# 07
# 我們急著去哪裡

從 60 年代，人類發明了半導體以後，突然以爆炸般的速度，開始建構所謂的數位文明。在我們所熟悉的現實世界裡，一個平行的數位世界，裡面充斥著各式各樣的資料與數據，逐漸在現實世界中浮現。這個網路，迅速地吸附在地表的每一個人身上，將其納入這所謂的網路的世界。

而在十幾年來人類文明的發展與整個環境的變化，很多事情都異常巧合地發生著。舉例來說，當一些可怕的病症如 AIDS、狂牛病、SARS、禽流感等等發生的時候，人類研發的生物科技，也恰好進步到可以破解基因以及複製生物的能力。當全球網際網路逐漸將人類的集體意識予以成形的時候，這也剛好是全球暖化、能源危機，與環境污染等全球性問題發生的時候。

這些人禍（的確，這些都是我們自己闖的禍）非得要人類全體整合、團結起來才能解決這些全球性災害的發生。思考各項事件的時間點，實在發生得環環相扣，巧合得太不可思議。人類被危機與利益，硬拉著走上一條不知道目的地在哪裡的道路，而這條道路，迂迂迴迴、柳暗花明，似乎有個不知名的意識，為我們用糖果與皮鞭鋪了這條路。

鯨魚在海中唱了百萬年的歌，恐龍也在地表上盤據了數百萬年，我們在地表稱王不過短短的 1 萬年，從工業革命後的 100 年裡，人類就把數億年累積而來的石油消耗殆盡，並引發許多環境危機，威脅到自身的存在。這不禁讓我們自問：

**我們到底在急著到哪裡去？**

海鳥媽媽將撿拾到的塑膠垃圾餵食
給小鳥，在飽食了這些垃圾而死亡
之後，腐爛風化的幼鳥屍骸與塑膠
垃圾仍能分辨出曾經的鳥類形體。

# 人類腦中的爬蟲

大腦的演進，也是生物演化的縮影。魚類出現的時候，生物逐漸演化出脊髓，脊髓是魚類、爬蟲類、兩棲類思考的中樞，當生物受到攻擊或遇到危險時，脊髓會立即做出反應，命令身體動作。生物慢慢演化至哺乳類時，在脊髓上方演化出腦的部分，而後屬於哺乳類的思考便集中在大腦。當演進至靈長類後，大腦外便演化出大腦皮層，屬於猿猴與人類的情感與思考能力都在此發生。

雖然我們已經演化到大腦皮層階段，但演化的痕跡依舊遺留在人的身上。當我們遇到立即的危機時，身體控制的中樞會直接跳過大腦皮層，由脊髓下達指令做危機處理；同樣的，像是生物性的渴求如飢餓、性慾等，也是跳過大

腦皮質，由脊髓來做反應。這是因為越高層次的思考，會需要越多的時間，所以如果我們以手觸碰燭火，等到大腦產生反應時，可能已經產生嚴重的燙傷，於是不經任何思考就會反應的脊髓就會切入，保護生物本體的安全。因此，我們還是保留了爬蟲與哺乳類的思考，當人在危急的時候，就會出現「老祖宗上身」的反應。

這種生理反應卻也解釋了現今的社會現象。例如：一個廣告如果要在 10 秒鐘讓觀眾產生反應的話，唯一的方法是訴諸於性與暴力。但如果要引發屬於人類的情感，一部電影需要堆砌 1、2 小時的劇情，才能讓觀眾感動。

當媒體計費越來越貴，廣告導演需要在越短的時間內引起觀眾的反應，媒體當然也只能出現越多裸露與暴力的畫面，讓觀者屬於老祖宗的思考立刻活絡起來。

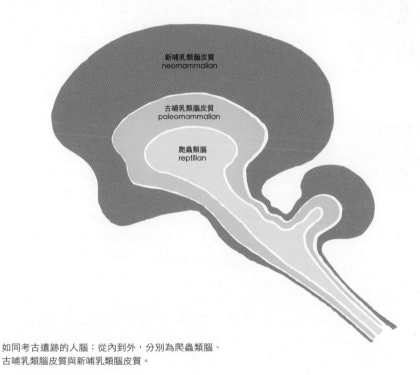

如同考古遺跡的人腦：從內到外，分別為爬蟲類腦、
古哺乳類腦皮質與新哺乳類腦皮質。

# 活著的單位

在千禧年前，一次我去了一所加州的小鎮郵局去辦事；不知是為了要提醒民眾還是慶祝千禧年的到來，郵局的等候區放了一個巨大的 LED 記時鐘，上面是目前距離千禧年、精確到微秒的時間。

在等候區中，我只能從人群的夾縫中看到 LED 的部分，而隨著隊伍緩緩前進，LED 不同的數字顯示或被遮蔽。剛開始只有微秒的數字顯露出來，看著這以高速跳動的數字，我感到時間每分每秒都在變化，給我一股驚心動魄的壓力，在這等候區中，我已經浪費了 5.24 秒！但是隨著等候人群的移動，當秒、分、時、天、月都被掩蓋，只有年顯示出來時，壓力逐漸消失，我對自己的生命流逝也有不同的感受，在當下我突然有了體悟：

我們可以選擇自己在哪種時間的尺度下活著：是秒、分、時、天、月還是年。這時間單位，是我們用來度量我們的成就與我們的生命週期。我們期望自己多快達到預定的目標、多快對別人的讚美或批評產生反應、多久可以從感情的創痛中站起等等。

# 2012·06·25·09:40:20·43

完整的時間

# 2012·06·25·09:40:20·43

以「年」為單位的生活

# 2012·06·25·09:40:20·43

以「日」為單位的生活

# 2012·06·25·09:40·20·43

以「秒」為單位的生活

# 10
# 不會說八卦
# 的尼安德塔人

人類，實在是一個充滿神祕的物種。

大部分的動物，包括我們的近親黑猩猩與大猩猩，都至少有兩種物種存活在世界上，而其他大多數動物則有更多種類。但人類，就只剩下一種物種。

3 萬年前，與智人（就是我們的祖先啦……）的血緣最接近的尼安德塔人（Homo Sapiens Neanderthalensis），神祕地滅絕了。這讓生物學家大惑不解，他們有和現代人一樣大的腦袋、會製作複雜的石器工具、懂得穿衣服，並能有效率地狩獵大型動物——尼安德塔人似乎佔盡了各種競爭的優勢。他們唯一沒有的，便是語言。

約莫 10 萬年前在西亞，一個新的人種闖入了尼安德塔人狩獵採集的地區，這個新的人種就是智人——你我的祖先。有關尼安德塔人滅絕的理論中，有一種是這麼說的：當我們的老祖宗智人與尼安德塔人比鄰而居的時候，我們老祖宗已經發展出了語言，所以，在沒有打獵的日子裡，老祖宗一邊整修著長矛木棒，一邊喋喋不休地討論著鄰居的閒話：

「喂喂！你看這隔壁的這些老尼啊！他們悶不吭聲的，誰知道他們心裡

© Ökologixf/Wikimedia Commons/public domain
科學家想像的尼安德塔人

在想啥啊？一定都是打我們的壞主意吧？我們一定要小心啊！」
「什麼？先下手為強？嗯嗯，你這樣說也是有道理，畢竟人不為己，天
誅地滅嘛……」
「什麼？你說他們的家產豐厚？其實啊，我對於老尼裡的那個娘們也是
早有興趣啦……呵呵呵……不如我們今晚就……」

於是，沒有語言的老尼，就被我們老祖宗各個擊破，在智人的洞穴遺跡中，
發現有尼安德塔人的遺骸，被我們的老祖宗，像是家畜一般的豢養，當作是
勞力與鮮肉的來源。這個活生生血淋淋的例子，告訴我們八卦在人類歷史的
重要性，捕風捉影、道聽塗說、小道消息、流言、黑函、陰謀、共謀……，
比公開的新聞更讓我們注意，而主導了歷史的流向。這可能也解釋了社群網
路為何會以幾何級數的速度，重塑了人類彼此的關係。

# 11

# 數位時代的異象

當有了 MP3，我開始不知道音樂是什麼。
當有了 YouTube，我開始不知道影片是什麼。
當有了 blog，我開始不知道文章是什麼。
當有了 Facebook，我開始不知道朋友是什麼。
一切成為一個沒有頭尾，連續不間斷的串流訊號，從不知名的雲端，不分晝夜，向我播放。

## iPod> 音樂

2005 年，紐約一位 15 歲少年，因為同伴攜帶的 iPod 被人覬覦，胸部被刺斃命。iPod 的價值，已經不只是音樂播放器。
「用 iPod 聽音樂」遠大於「聽音樂」。

## 導航 ≠ 認路

使用導航系統（GPS）開車之後，即使經過那地方十次，我仍然不認得路，導航系統抹煞駕駛對環境的認識，對導航的依賴，導致我認路的能力越來越糟。

## FACEBOOK ≠ 友誼

在 Facebook 上,朋友逐漸變成一種數字。

一個有許多臉書朋友的人,在他的葬禮上,可能一個人也不會出現。但如果將他的訃聞貼在臉書上,卻可能有上萬人按「讚」。

有些公司製造虛擬的使用者,配上俊男美女的照片,如果將他們設為好友時,就會開始推銷產品。公司的同事用 Facebook 拍上司的馬屁,或放話給公司主管。網路霸凌(Cyberbully)等現象也紛紛出現。

## home = google

瀏覽器上「home(房子)」的按鈕,通常代表每個使用者最熟悉的地方:「家」。 但是如果看每個人「家」所指到的網頁,幾乎絕大部分的人,都設為 Google 或其他的搜尋引擎。

如果以現實世界的邏輯來想這件事,我們只有在丟了東西之後,才會想要去找東西。像是當我們的小孩走失,我們才會去警察局報案尋人,但是一上網路,我們做的第一件事,便是去尋找。我們在網路上的家,是一個不斷尋找東西的地方,這是否在說,當我們一上網路,就立刻充滿著「失去」的情緒?而我們越搜尋,越發現我們丟的東西越多,必須不斷地找下去,形成一種無限的循環。

## 網友 ≠ 意見

新聞常提到網友,但網友是誰?有幾個人?是男是女?從來沒有人知道。如同尼斯湖水怪與喜馬拉雅山的雪人,是傳說中的存在。

## 四吋螢幕 >> 世界

「低頭族」已經成為一個全世界的現象。眼睛黏在螢幕上拔不下來,這現象在捷運與機場越來越普遍,當人們流浪到天邊最遙遠的地方,卻還是低頭看著自己的螢幕。

而在數位時代,「蠻荒世界」有了新的定義:網路到不了的地方就是蠻荒世界。

# 12
## 傳承一

我曾到一位小提琴工匠的工作室參觀,他的工作室存放了許多木料,他解釋說:「這是要用來製作小提琴的木料。」

原來為了讓木材性質穩定,木頭砍下之後,通常要存放 10 到 20 年,等到濕氣散盡,才能拿來作小提琴。所以,工匠現在所使用的小提琴木料,都是他師父存放的,而他師父的木料,是師父的師父留下的。他用充滿期待的眼神看著這些木料:「這些,是我替我徒弟保存的。」

我常想:每個領域的傳承,如同小提琴工匠一樣,靠著上一代留下的養分,才能繼續茁壯發展;身為初期的數位藝術家,我的養分,是從何而來?我現在所累積的養分,又會是誰去承接呢?

# 13
## 傳承二

我的母親是位畫家,而姊姊是位陶藝家。我常覺得她們所用的媒材,就已經有說不盡的故事與傳統在其中。如燒陶所用的火候、由遙遠異鄉運來的陶土、駱駝毛製成的油畫筆、早晨的陽光,與伴隨而來的,亞麻仁油的氣味。而身為一位新媒體藝術家,我只能很勉強地說:「嗨!你好,我用的是 XX 軟體的 5.01 版……。」

然而,我逐漸了解到,我真正的材料,其實是流體力學、萬有引力定律、雨滴、飛鳥、在冬天早晨的雪花結晶……

在新媒體藝術中,實體的媒材已經被「思想的媒材」所取代,前人的智慧與思想,透過程式的編碼與數位媒材的重複利用,而被植入後人的作品之中。思想是最重要的媒材。

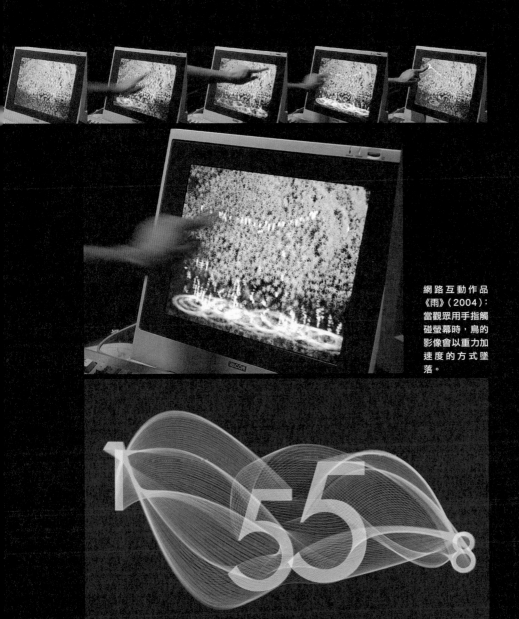

網路互動作品
《雨》（2004）：
當觀眾用手指觸
碰螢幕時，鳥的
影像會以重力加
速度的方式墜
落。

作品《時間之繭》（2007）：用 Futura 字體所創作的網路藝術。Futura 字體，1927 年由保羅 •
倫勒（Paul Renner）根據包浩斯的幾何風格所設計，到今天仍然充滿著現代感。

# 14

# 傳承三

在原住民文化中，常見如右頁的圖案：

這些圖案的發源，來自於原住民的傳統舞蹈，是眾人手腳互相牽起的象形圖案，代表在部落中人與人的連結，與家族的傳承。這些圖案，應用在他們的紋身，服飾與器物上，讓個人時時刻刻感覺到家族與部落的護佑，和自己在這血脈中的傳承。

如果我們現代人與這些原住民比較，是原住民的圖騰，還是 LV 的花紋，會給你對於自己生命更豐富的想像？

我父　　　我母
　　我
我子　　　我女

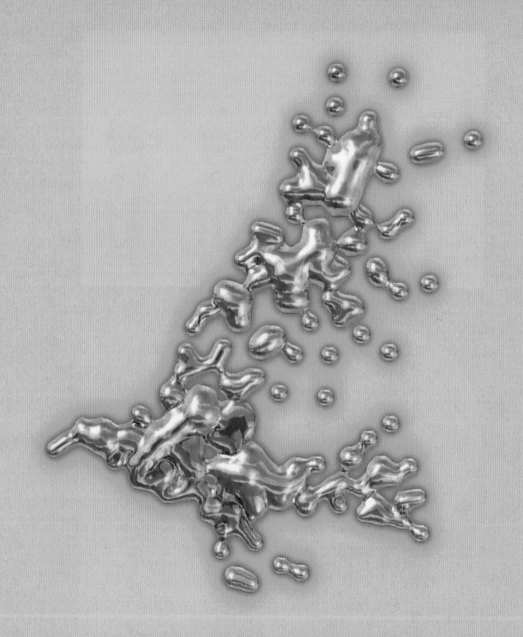

# 想像的
# 想像世界的可能

對世界的想像，重於對世界的操控。

想像比知識更重要。因為知識是有限的，但想像讓你擁抱整個世界，刺激
進步，產生進化。它是科學研究真正的因素。　　　　　　── 愛因斯坦
Imagination is more important than knowledge. For knowledge is limited,
whereas imagination embraces the entire world, stimulating progress,
giving birth to evolution. It is, strictly speaking, a real factor in scientific
research.　　　　　　　　　　　　　　　　　　── Albert Einstein

$$\frac{\sqrt{2}+(3\times y)^2}{\sqrt{yy+100}}$$

$$E = MC^2$$

陳逸甄 繪

# 15
# 思想是最美的作品

「少即是多」。 "Less is More."

這是 19 世紀詩人羅伯·布朗寧（Robert Browning）的詩句，後來被包浩斯的建築大師密斯·凡德羅（Ludwig Mies van der Rohe）拿來，變成現代極簡設計中被奉為圭臬的想法。

然而，到處都在談論數位內容的今天，我想要提出一個設計的方向：

「用越少的創造，引發越多的想像。」
"Less Production generates more imagination."

類似性能價格比的定義，性價比＝性能÷價格（capacity÷price）。而好的作品，是以越少的製作成本與材料，激發出越多的想像。

在數位時代裡，人的創造力已經逐漸超過物質的價值，成為最有價值的資源；而當我們逐漸了解使用者行為與數位產品統計巨觀的群眾行為時，我們也開始初窺如何引發人們想像力的門路。在未來，如何激發下一代的想像，將會是教育中最重要的環節。

# 16
# 物質文明與精神文明的消長

最近的新聞報導：美國蘋果電腦公司（Apple Computer）的市場淨值超過艾克森美孚石油公司（Exxon Mobil），而成為美國最大的公司。深入思考這則新聞，裡面蘊含著十分深遠的意義，因為這兩家公司代表著自工業革命以來，工業文明的兩大陣營：以石油為主的集團，與以電為主的集團。

自從工業革命之後，世界的經濟脈絡，本來一直掌握在石化能源集團的手中，這集團以煤礦、石油、天然氣等能源為動力，發展出實體的通路，如鐵路、公路、輪船、飛機等。在世界上用這通路去擷取資源，進行侵略與占領，他們生產的貨物，需要用傳統的方式運送，從礦藏、農穫、武器、奴隸到商品，這些，可以說是人類「物質文明」的集團。

愛迪生發明電燈之後，「電」的文明興起，而圍繞著電，形成了另一個集團。他們的動力來源是電，而他們的網路，則從早期的電報、電話，到現在的無線網路與網際網路，這集團包括了電力公司、電話通訊公司、電台、電視廣播公司、電腦與周邊產品，和所有可以從這網路運送的「貨物」：資訊、MP3、數位化影片、電子書、電子遊戲等所有的數位內容。我們的金融體系，也是一個完全電子化的系統。這個集團，可以說是人類「精神文明」的集團，他們所運送的貨物是人類創造力的結晶。

由這樣的歷史背景來看這則新聞，代表著用電的精神文明集團與用石化燃料的物質文明集團之間的相互消長。我們在電子線路中間流動的貨物，逐漸超過在汽車、船與飛機上運輸的貨物，而人類文明的重心，也逐漸由實體的物質，轉變成虛擬的資訊。

# 17
# 給海豚的軟體

Courtesy of Earth Trust, Hawaii
Project Delphis 的研究總監
肯・馬汀（Ken Marten）

多年前我得到了紐約新媒體大獎，一天，我接到一通電話，是在夏威夷的一家研究機構打來。他們從事海豚的研究，剛剛得到了新的經費，購買了一台可以在水中使用的觸控螢幕，他們在媒體中看到了我的作品，希望我可以加入團隊，設計給海豚使用的觸控互動程式，看看是否可以藉由音樂和影像，與海豚溝通。

那時因為一些原因，我只能婉拒這個工作機會。但是多年來，我一直很惋惜，這會是一個多麼不可思議的工作：在風光明媚的夏威夷，為海豚設計互動軟體。

研究單位 Project Delphis 的網址：http://www.earthtrust.org/delphis.html

 # 海底的獨立製片家

地球上有種生物，漫遊在地球的表面，自由自在，他們彼此可以跨越千里的距離，互相問候，而他們溝通的內容，包含影像、聲音，甚至是最先進的立體影片。

你可能說：「啊！這不就是我們人類嗎？」

但是，如果我又補充，這種生物，他們不需要任何的硬體與網路，並且，已經以這樣的形式，在地球上生活了百萬年。

而且，他們住在海裡。

這種生物，是鯨魚。

據生物學家研究，發現鯨魚是這地球最大的生物，牠的大腦體積，是人的好幾倍。裡面有極大部分，我們尚未了解其功能。有人推測，鯨魚是以聲納來探測周遭的環境，所以，當牠聽到聲音，腦中會解讀成周遭環境的狀態，換句話說，是牠身處位置附近的立體模型。如果這樣的推理是正確的，那麼，鯨魚所發出的聲音會是什麼呢？牠應該會模仿這些回音，來作為牠的語言吧？那麼，牠所發出的用來呼喚其他鯨魚的叫聲，對於其他鯨魚來說，應該是一系列的立體影像。

鯨魚的叫聲，是屬於低頻的聲音，在水中傳導效果非常好，從前沒有人造機械船隻的時代，據說可以傳導半個太平洋的距離。如果以上的論述都是真的，那麼，鯨魚在百萬年前，就已經發展出類似我們今日 internet 的技術，並在海底，以驚人的頻寬，彼此傳輸 3D 立體電影的訊息。

想像一下，一群媲美好萊塢獨立製片的巨大生物，游歷在無際的藍海中。當牠們高興的時候，如同人類耗資上億元製作的 3D 立體動畫電影，會從牠們口中，悠悠地唱出……。

鯨魚可能不需要任何的硬體，就可以觀賞、記錄與傳輸立體影象。

# 混沌世界中的

普林斯頓大學有一個計畫叫做「全球意識計畫（The Global Consciousness Project）」，他們製作了一些用量子等級的雜訊產生亂數的裝置，當連接上電腦，這些裝置產生的亂數，可以透過網路，傳回普林斯頓計畫中心的伺服器。

這個電子裝置，你可以想像是類似擲骰子的小玩意兒，當安裝在你的電腦上時，它會不斷地丟骰子，然後把結果經由網路傳回到計畫實驗室。這個套件是免費的，只要你有興趣，就可以跟計畫中心申請。它會寄套件與簡單的程式給你，而你的電腦必須整天開著，提供這計畫的資料流。

這些獨立的小裝置，由志願者安裝在世界各地，應當彼此獨立，互不影響，

2009 年各地實驗室參與「全球意識計畫」的地理位置截圖，顯示某種意識模式

# 因果感應

但是非常奇妙的是，這些本來沒有任何交集的亂數產生器，當地球產生非常重大的事件，像是美國 911 恐怖攻擊事件或印尼海嘯時，本來是沒有任何傾向的數據，突然產生了共同性出來。

這到底是怎麼回事？在一些影響到世界的重大事件發生時，這些分散在全球各地、互不相連的裝置，突然都會產生出類似的數值。這樣的現象，好像是當重大事件產生時，全世界賭場的骰子突然都會擲出相同的數字。這是否在說，我們認為的混沌與無序、互不相連的事件，其實被我們無法看到的因果連接起來？

網址：http://noosphere.princeton.edu/

# 20
# 科技的減法

在一個機會裡，我參觀 MIT（麻省理工學院）media lab 的 open house，他們將所有的研究成果展示給外界的贊助公司與訪客。

在短暫且緊湊的盛會中，首先由 media lab 的領導人法蘭克・摩斯（Frank Moss）博士做開場演講。他十分熱誠地歡迎從世界各地飛來的與會嘉賓，並快速地介紹了 media lab 目前進行中，運用先進技術，各式各樣的有趣計畫。根據統計，80% 的民眾，覺得並沒有因為科技而活得更快樂；但是摩斯認為，整個人類生活品質的躍升，就快來臨了。

當他說完這些令人目不暇給的科技專案後，主持人禮貌性地詢問來賓提出問題。可能大家尚未從他演講的衝擊中恢復過來，現場頓時陷入了無比的寂靜之中。這時，突然有個微小的聲音從我心中升起：

「所有的研究，都是思考著如何在我們生活之中增加更多的科技，使其變得更美好。但是，是否有些研究，可以去思考看看，能夠很有智慧地從我們生活之中減掉一些科技，讓我們活得更美好呢？」

麻省理工學院媒體實驗室：一個對於科技造就人類幸福無比樂觀的地方。

# 21
# 心劍

在美國住了 13 年之後,我在 2001 年回到台北。回國之後,工作還未開始,
我抓住這難得的空檔,常在台北街頭閒晃。一天,我路過行天宮地下道,突
然一位測字先生把我叫住,用常在武俠小說中的開場白向我搭訕:

「先生,我看你心中好像有事,可否願意坐下來,我為你測個字?」
在國外住了許久,測字重新成為新奇的經驗,於是我坐下來,應他的要求,
將我的名字寫出:

「心健」

測字先生端詳了半晌,他在我的名字旁邊,又重新寫了一遍我的名字,但是
把「健」改成「劍」。

「心劍」

測字先生用莫測高深的語氣說道:「先生,你的心,就是你生命中最鋒利的
部分,所以,你千萬不能失志。」

玄妙的說法配合著仙風道骨的測字先生,讓我心甘情願地掏錢走路,但隨著
開始從事互動創作,我越來越發現,「心劍」對我的啟發。在武俠小說裡,

任天堂 Wii 的劍擊遊戲，玩家手上沒有劍，但心中要有劍擊的想像。

心劍的意思，是指心中的劍意，可以比現實中的刀劍更鋒利，像是金庸或古龍小說裡的故事，手中無劍，但心中有劍，內心對於劍的理解，比實體的寶劍更鋒利。

這聽起來是中國舊有的形而上與唯心的想法，很可能被歸類為《阿 Q 正傳》中的「精神勝利法」，在今天的數位時代，這樣的想法還適用嗎？

我們來看看最暢銷的電子遊戲任天堂 Wii 中的劍擊遊戲，遊戲者拿著任天堂的體感把手 Wiimote，與虛擬的對手互相砍擊。這整個場景，完全是「手中無劍，心中有劍」的呈現。要能夠玩這個遊戲，除了這些遊戲的硬體，玩家腦中也需要了解劍擊的規則，想像力與實體的互動裝置結合，才會產生出前所未有的體驗。

中國傳統唯心論的文化境界，是思考與想像發展到極致時可以超越實體的存在，而在互動時代的今天有了更新的意義。最尖端的數位娛樂，也越來越朝向這個方向，不管是 Wii、Kinect 或是 iPad，它們的娛樂效果，很大一部分都是所謂的「信以為真」（make believe）。例如 Wii 劍擊遊戲的「手中無劍心中有劍」，或是 iPad 用手指滑動與縮放螢幕的互動，這些都如同思考一樣，在現實中沒有真實的物件，僅在腦中和螢幕之間有實物「想像」的存在。可以預見未來裡，我們的數位生活，「想像力」是最重要的能力。

# 22 境界的回歸

這是在人機互動領域的常用模型，用來解釋人機互動中的元素。人機互動是一個不斷循環的過程：電腦或互動裝置的顯示，透過操作者的感官，傳遞到操作者的大腦中，操作者的腦中必須對這外界的裝置有個自己的想像與認識，憑藉這個知識，結合操作者的感官訊息，操作者驅動自己的手腳與語音，來控制電腦裝置的周邊，而這些周邊將訊號傳回電腦，經過運算，改變其顯示，再度傳遞給操作者。

這其中四個核心元素是：裝置的顯示、心智模型（Mental Model，也就是腦中的想像與認識），操作者的肢體回饋，和裝置的輸入。除了心智模型之外，其他都是暴露在外，容易了解，但是這隱藏在我們腦中的知識與想像，其實是人機互動中最重要也最常被忽略的一環。

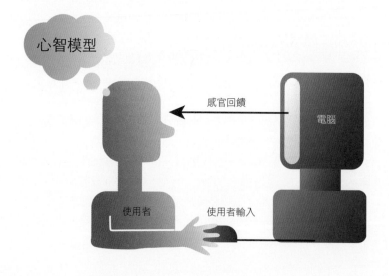

心智模型

感官回饋

電腦

使用者　　　使用者輸入

如果沒有腦中對於「視窗」的想像，我們便無法理解電腦的顯示，並驅動我們的手去控制滑鼠，點選螢幕上的介面元素。很多我們習以為常的人機介面操作，其實是從緩慢學習而來。舉例來說，在個人電腦剛發明的時候，一位初學者閱讀電腦操作手冊裡面的一段話：「請拿起滑鼠，點擊螢幕上的按鈕。」他可能會拿起滑鼠，直接敲擊螢幕上的按鈕。這雖然聽起來像是笑話，但是這其實是他腦中的知識，與設計電腦的設計師大不相同的結果。

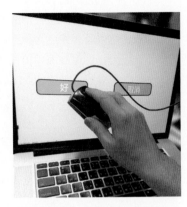

「請拿起滑鼠，點擊螢幕上的按鈕。」
你能說他做得不對嗎？

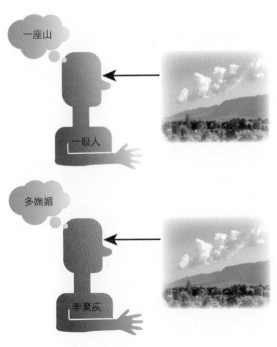

在我們今天的數位生活，越來越需要靠著我們腦中的想像來操作電腦與互動裝置，而這其實是我們老祖先所講的「境界」：一種靠著想像力維持的生活。
讓我們來看一個例子：

> 「我見青山多嫵媚，料青山見
> 我應如是。」（辛棄疾）

如果用以上的模型來解釋，一般人看到一座青山，腦中的想像與知識，只會出現「這是一座山」的說法。但是對於辛棄疾來說，因為他的文采與想像，將青山想像成一位風華絕代的女子，當他繼續想像下去，因為青山是一位

美女，而美女看到他這位才子的反應，也應該是十分地仰慕，才能寫出「我看山是多麼的婀娜美麗，而她看我也覺得有吸引力」這樣的想像。或是如白樸的千古名句：「傲殺人間萬戶侯，不識字、煙波釣叟。」這是描述境界的極致，一位釣魚翁心中的境界，可以抵上世俗所有實體的權勢與金錢。在今天虛實整合的數位時代，腦中崇高的意境，不再只侷限於個人的想像，而是可以透過數位工具與現實互動。

如果回想 10 年前，我們對一個建築師的刻板印象，大概會有類似這樣的影像：一個穿著襯衫，手拿工地安全帽的人，手上拿著藍圖與丁字尺，可能有時還要拿個模型。對一個詩人的刻板印象可能是出入於咖啡店，不修邊幅、伴隨著稿紙、筆記本與鋼筆。然而在今天，我認識的年輕建築師，隨身只帶了一台筆電，一些詩人朋友，早已用 iPad 來寫詩，攝影師也一樣。看看我自己，雖然是藝術家的身分，但身邊擺了好幾台電腦，如果外星人到地球看我們的生活，會覺得每個人都一樣，都是坐在電腦前，看著螢幕；因為現在是「以境界生活的數位時代」。

不同工作的人，憑著他們腦中的知識，與電腦中使用的軟體，來進行他們的工作，這樣的狀態，完全回歸到我們老祖先所說的「境界」。我們必須要靠著腦中的想像與知識，來維持我們在現實生活的工作與行為，我們工作的品質，也越來越靠著我們腦中所存在的「境界」。

想想看，一位網頁設計師設計出百萬元的網站，與剛出道的學校新鮮人索價數千元的網站，他們所用的軟硬體其實沒有什麼不同（新鮮人的軟體版本甚至可能還比較新，電腦規格比年長的設計師還要好）。如同米芾與一般人的差別，都是用著一張幾毛錢的紙來書寫，但因為境界不同，大部分人的便條紙是回歸到垃圾桶；但米芾的便條紙，卻獲得故宮博物院典藏。對於數位時代來說，高品質的產品不再依賴實體的原料，不像是建築需要珍貴的石材木料才能顯出價值，而是組合與運用虛擬元素的知識與眼光。這也是我們現在所說的「知識經濟」與「軟實力」。這其中的關鍵「技術」，便是我們自身的「境界」：能夠超脫周遭的實體環境，在心中想像出更美好生活型態的能力。

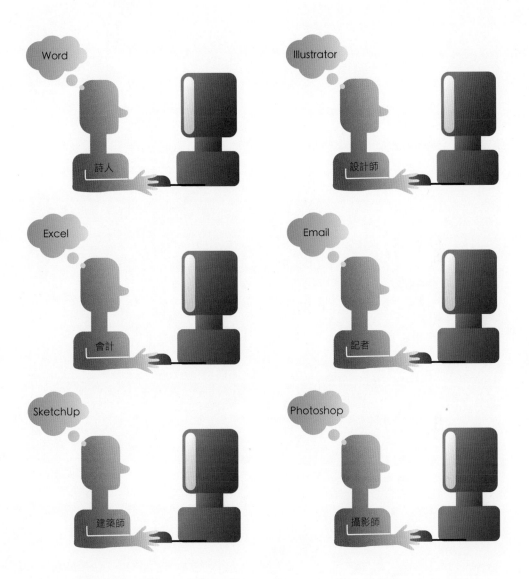

# 科技史

美國廣播公司（America Broadcasting Company, ABC）1990 年時的廣告口號：

「在電視發明前，發生了兩次世界大戰；

在電視發明之後：零。」

# 23 巴別

《聖經‧創世紀》第 11 章：

「那時，天下人的口音、言語都是一樣……他們彼此商量説：『來吧！
我們要建造一座城和一座塔，塔頂通天，為要傳揚我們的名，免得我們
分散在全地上。』」

「耶和華説：『看哪，他們成為一樣的人民，都是一樣的言語，如今既
做起這事來，以後他們所要做的事就沒有不成就的了。我們下去變亂他
們的口音，使他們的言語彼此不通。』」

「於是耶和華使他們從那裡分散在全地上；他們就停工，不造那城了。
因為耶和華在那裡變亂天下人的言語，使眾人分散在全地上，所以那城
名叫巴別。」

我在 Sega 工作時，同事是一位來自佛羅里達的程式設計師。當他在高中時，
學校要求學生必須選擇一種英文以外的語言，當作是第二外國語；那時他著
迷於電腦，於是便跟教授説：「電腦的語言也是一種方言，希望能選擇電腦
程式設計課程，來當作是第二外國語」，由於他的能言善道，老師被他説服，
讓他學程式這種「方言」。

如果，把電腦的世界看作一個未知的領域，就像是一個我們不熟悉的國度，
裡面所説的話當然也是一種外國話。

現在的社會，人類或多或少都在學電腦語言，不管是複雜的 C++、JAVA，或
是簡單的 html，我們都是在學習電腦的語言，而不是電腦在學習我們的語言，
這種語言少了不同種族的偏見與主觀，完全以量化的方式描述這世界，當我

們全部都學會同一種語言的時候，是不是這個世界就被統一了呢？

類似《聖經》裡的故事所陳述的那樣，現今的網際網路有如一座「巴別塔」，例如維基百科與臉書，我們正把所有人類共通的文明，變成共同的語言，上傳到虛擬的世界裡。

# 24
# 器物中的人性

電影《2001 太空漫遊》中,第一次出現了電腦殺人的情節,從此以後,機械在人們心中植入了「冰冷」、「陌生」等形象。但事實上機械完全由人類所製造,如同藝術品一般;達文西在繪製他的創造物時,是用一樣的手法與美感描繪藝術與機械。但是現在為何我們會恐懼我們的製造物,把它們描繪成冰冷而可怕的異形?

電影《2001 太空漫遊》中,謀殺太空人的霍爾九千型電腦(HAL 9000)。

機械可以是溫暖的、人文的、充滿夢想,用來儲存與延續我們的人性,只是我們必須要讓工程師擁有更多的人文素養。同時,我們需要有更多會說故事的人,讓人了解這些原來用來改善人類生活的機械與技術的本質,才能有更好的生活。比方廣泛被使用的乙太網路(Ethernet),它的原理其實是由人的溝通模式得來的靈感。當初在設計乙太網路時,要解決多台電腦如何共用線路傳遞資料,但又不會被彼此的訊號干擾。於是工程師觀察人群的對談,看人們到底是如何解決這個問題。

達文西由蝙蝠翅膀發展出的飛行機器

當一群人熱烈地交談，彼此都急著將自己的想法告訴對方時，如果大家都在講話，沒有一個人可以聽得清楚任何人的話語，所以在一群有經驗的聊天者中，一次只有一個人發言，其他人則一邊傾聽，一邊在找插話的時機，當說話者告一段落時，其他人就可以抓住空檔，接過發言權。工程師就把這樣的行為，轉換成乙太網路的通訊模式：

當線路充塞著訊號時，請先不要急著傳訊號，而是開始傾聽，看看其中是否有傳遞給我的訊息。一直等到線路安靜下來之後，再等個幾微秒，然後開始發送訊息，但是萬一其他的電腦也在同時發送訊息的話，那麼立刻停止發送，回到傾聽的狀態。

當一群電腦用乙太網路互傳資料時，就如同一群人彼此在熱烈的交談，彼此都急著將自己的訊息告訴對方，但當大家都搶著發言，聲音太過吵雜時，又突然安靜下來，默默傾聽，等待線路安靜下來，再重新發言。如果你知道這件事，看到電腦後面乙太網卡的燈光閃爍，也會覺得電腦是很有「人味」的東西吧？

猶如我們的祖先，將自然中各種現象用他們的觀察與故事予以解釋，於生活中創造出豐富的精神文化，我們身邊的機械產品，也是由才華洋溢的工程師與設計師，絞盡腦汁，想要幫助我們解決身邊屬於「人」的問題，這些過程也成為這些工業產品中所蘊含的精神文明。

亞歷山大·貝爾，電話
發明者。

# 25

# 電話中的
# 歌劇

你能想像，當年電話剛發明的時候，並非像是今天用來彼此溝通，而是用來聽歌劇與打到教堂告解嗎？

1876 年貝爾發明電話時，沒有人知道電話到底要怎麼用，新成立的電話公司，都在嘗試提供不同的服務，測試人們喜歡如何使用電話。1890 年英國倫敦的以列脫馮公司（Electrophone），提供宗教與娛樂的服務。此公司設立在倫敦蘇活區，是歌劇院與百老匯戲劇的中心，他們與戲院簽約，並提供著名教堂的線上祈禱服務，客戶可以購買這些服務，在電話中聆聽歌劇或是選擇他們喜歡的教堂祈禱。

直到收音機興起，以列脫馮公司終於在 1925 年關閉，結束了 30 年的線上服務事業。今天使用電話下載音樂與聆聽的商業模式，早在 19 世紀末便已經出現。

© Thomas Rowlandson (1756-1827) and Augustus Charles Pugin (1762-1832) (after) John Bluck (fl. 1791-1819), Joseph Constantine Stadler (fl. 1780-1812), Thomas Sutherland (1785-1838), J. Hill, and Harraden (aquatint engravers)/Public Domain

倫敦的皇家歌劇院。在 19 世紀末，除了現場觀賞，也可以打電話聽歌劇，每年的費用約 5 英鎊。

# 26
# 新就是好？

右頁的機動藝術，是我在 101 捷運站所做的公共藝術《相遇時刻》。

它使用已經逐漸被淘汰的老式翻牌顯示器做成，我們為了製作這裝置，曾經到台北火車站拜訪維護這系統的技師，向他請教。跟他聊過之後，我發現幾個讓人驚訝的事實：這些「老舊」的翻牌裝置其實非常耐用，火車站的翻牌裝置是由瑞士的歐米茄公司在民國 78 年製作，到今天已歷經 23 年的歷史，但是這些機械裝置很少出問題，原因是過去的機械工業非常發達，做出的機械也極為耐久，但當年的電子電路的品質尚待改善，所以壞掉的多半是電子電路，正好與現在相反：現在的技術焦點是光電產業，所以當今生產的電子電路十分耐用，但生產的機械反而沒有以前牢靠。

這些翻牌裝置除了經久耐用之外，它們也極度省電，這是因為裝置翻轉時才需要耗電。火車站所有翻牌顯示裝置加起來，每月的電費約在 5,000 元以內，但是如果把這些裝置換成「省電」的 LED 看板，一個月的電費就要 20 萬以上。不過現今已經找不到生產這種翻牌裝置的廠商，所以全世界都被迫換成 LED，剛開始看起來絢麗而便宜的 LED 看板，後續的維護與耗能，卻是一筆龐大的開銷。

這件事還讓我意識到產業鏈的遷徙：在過去機械工業當家的時代，如遇上任何問題時，工程師所想的第一件事，便是使用機械來解決。在光電產業當家的今天，任何的目的，工程師想著的則是如何用光電元件來達成。同樣的火車時刻表，過去用機械裝置，現在則採用光電產品，這跟進步沒啥關係，而是哪種產品比較唾手可得。

火車站的機械翻牌裝置

由 100 個翻牌裝置所構成的公共藝術：《相遇時刻》

伊拉・格拉斯

# 27
# 恐龍的時尚生活

在我們看到了自己的偏見之前，我們都認為自己是公正無私，充滿智慧。

當我住在洛杉磯的小城 Santa Monica 時，我非常喜歡聽伊拉・格拉斯（Ira Glass）主持的廣播節目《Morning Edition, All Things Considered》。他的節目非常有趣，橫跨歷史與人文，加入自己獨特的看法，讓人從一個新的角度看這個世界。一次他提到我們常常覺得科學是客觀而公正的，在科學博物館中的展覽，也應該是非常公正的知識。但是這些知識，經常是由研究人員在其主觀的理解下所寫出的事情。例如：恐龍的研究，除了能夠獲得的考古證據之外，還有太多未知的部分，考古人員只能以臆測來補充這些地方，「猜」的資料從哪裡來？通常這就會是研究人員「想當然耳」的主觀猜測了。如果我們回顧歷代的恐龍展覽會發現，億年前的恐龍生態，也隨著人類社會的變遷，顯示出各個時代的「人性」。

人們發現恐龍化石的時間約是 1879 年，那時西方世界認為，恐龍應該是《聖經》大洪水前的史前巨大蜥蜴，是神不允許搭上諾亞方舟的凶惡怪獸，當霸王龍的化石被發現以後，更「證實」了人們的想法。

但是從牠脊椎骨的形狀來分析，霸王龍其實像是類似雞一樣走路的生物，世界首次的恐龍展覽中，出資者覺得這樣的霸王龍看起來像是隻巨大的母雞，有愧於「霸王」的稱號，於是命令工人將脊椎骨銼掉一部分，讓霸王龍變成

比較高大而嚇人的霸王龍,其實是當時扭曲考古資料而塑造出的假象。

實際的霸王龍姿勢,用尾巴來平衡大頭的重量,像是一隻放大的母雞。

直立的站姿，看起來更高大而嚇人，更能吸引群眾前來觀賞。這樣的站立姿勢，也成為後來日本「哥吉拉」的原型。

由於恐龍是凶猛的怪獸，所以恐龍互鬥也理所當然地成為展覽者最愛復原的場面：霸王龍露出脆弱的肚腹，讓三角龍有機可乘，是當時展覽的必要情境。

到了冷戰時代，民眾害怕的是美蘇核子戰爭造成的人類毀滅，搭載核子彈頭的洲際飛彈從天空落下，城市被焚於大火之中，血肉被蒸發氣化；於是這時的恐龍展覽，也順應民情，加入巨大的隕石墜落，火山爆發，恐龍在火海中咆哮掙扎的場景。

時間推移，到了 80 年代，人類從彼此妖魔化的冷戰思維中逐漸退燒，社會也從性解放回歸，開始重視家庭的價值。英國名歌手史汀（Sting）1985 年〈蘇俄人〉（Russians）的歌詞：「如果蘇俄人也愛他們自己的小孩的話……」這樣的反戰風潮也吹入了恐龍展覽，大家覺得，再兇殘的動物也會愛自己的子女，恐龍應該不是像花花公子海夫納那樣到處留情，而是擁抱家庭核心價值的生物，於是那時的恐龍展覽，紛紛出現了恐龍的家庭描述：在沼澤的棲息地，恐龍母親孵著蛋，旁邊有幾隻小恐龍正掙扎地從蛋中爬出，或是恐龍的父親為了要保護子女，與肉食恐龍對抗的場面，顯示出恐龍也分享了人類的家庭觀念。

三角龍不再只是因為個性凶猛與暴龍對抗，而是因為「愛」。

不管是食草或是食肉,我們都在同一個生物圈扮演好我們自己的角色。

到了近年,社會重視的是生物鏈的平衡與環境保育的生態主題,所以我們看到的恐龍展示又開始改變,從以前聚焦在單一場景中恐龍的悲歡離合,擴大為整個古地球生態中,食草恐龍與肉食恐龍構成的食物鏈,來闡述「地球村」的概念。

因此,當我們個別來看各個時代的恐龍展,不同時代的流行觀念與偏見讓我們對恐龍的認知有所不同。我們常會把這些偏見加諸在對恐龍的認識之中,戴著某個特定角度的有色眼鏡,將我們想看的地方放大,而忽略其他我們沒有興趣的部分,億年前的恐龍生活,也要跟我們的社會流行掛鉤。

# 28 身上的開關

近 20 年出生的小孩都被叫做「新世代」（日本所謂的 New Type），他們一路都是電腦伴隨著他們長大，所以對很多事情的認知都跟老一輩的不太一樣。當我在紐約的多媒體公司工作時，某天老闆的 10 歲小女兒跑來公司。她看到很多事情都覺得很新奇，一位員工在他桌上放了一台老式打字機當裝飾，她從來沒看過這種舊式的打字機，因此覺得非常好奇，左看右看、目不轉睛地觀察這部打字機，最後她忍不住問旁邊的員工說：「這東西的 On/Off 開關到底在哪裡？」

我們可能會覺得這樣的想法很可笑，就像是一個熱播的 YouTube 影片中（http://www.youtube.com/watch?v=aXV-yaFmQNk），一位習慣了 iPad 的小女孩，認為雜誌也可以用手指滑動來翻頁。再過 10 年，這小女孩的行為可能會被視為理所當然，我們也應該想想，我們自己的偏見又在哪裡？

古老的、不用電的打字機。現在英文裡也習慣以「turn on」來描述男女之間被「電到」的感覺。

# 29
# 物質的遺跡

太空梭的噴嘴直徑是 1228 英寸,這數字是怎麼來的呢?

美國太空梭的噴射推進器是在猶他州的工廠製造的,因為需要用火車來搬運到佛羅里達州的太空梭中心,所以噴射推進器的寬度必須考量到火車山洞的大小,所以噴嘴做得剛好可以通過山洞。

山洞的寬度,又是如何決定?美國鐵路的寬度是 4 呎 8 又 1/2 英寸,這也大致地定義了山洞的寬度,而鐵路的寬度是誰定的呢?美國的第一條鐵路是由英國的工人建造的,沿用英國的鐵軌寬度,這寬度承襲以前的馬車的軸距,但為何鐵軌要使用與馬車相同的軸距?

秦始皇統一天下,頒定「車同軌,書同文」,這是因為一條路常被馬車行走之後,會在路上留有很深的輪痕,如果軸距不一樣的馬車,便會造成車輪與地面的摩擦而斷裂,而「同軌」也是鐵軌被發明的重要概念。

英國馬車的軸距,可以一直追溯到羅馬帝國當時的戰馬車,戰馬車的軸距是怎麼決定的呢?戰馬車是用兩匹馬來拉,所以軸距其實就是兩匹馬的屁股寬度再加上一些餘裕所得來。

當我們的子孫翱翔在宇宙,是否會盯著太空梭的屁股,腦中想著:「這 1228 英寸的尺寸,到底是從哪裡來的呢?」

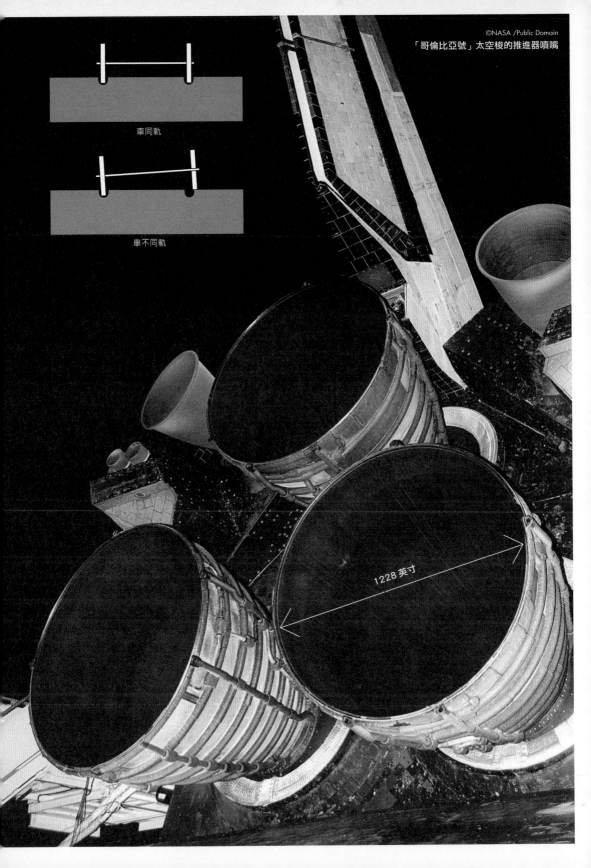

「哥倫比亞號」太空梭的推進器噴嘴

車同軌

車不同軌

1228 英寸

# 30
# 名稱的
# 遺跡

在技術不斷演進的同時，舊的思維也不知不覺中被保留下來。西方的字體設計中，大寫被稱為「upper case」，小寫被稱為「lower case」，聽起來很有學問，但這樣的稱呼，是從何而來？

在古老的活字版印刷（Movable Type）中，活字體是放置在木盒中，木盒存放於印刷機旁的層板架上；按照印刷工人的習慣，為了要方便拿取大小寫活字體，裝大寫字母的盒子通常放在上層，裝小寫字母的盒子放於下層，所以大寫就被稱為「上面的盒子」（Upper Case），小寫則是「下面的盒子」（Lower Case）。

整個印刷產業已經使用電腦製版的今天，這樣的稱呼還是留了下來。

# 31
# 愛迪生的野望

一再強調自己是窮苦與耳聾的學徒出身，
其實是個超級有錢人的愛迪生。

我們深信合情合理的現代生活，有可能只是因為愛迪生的野望所造成的。

當年，愛迪生發明了電燈，因為他是一個有眼光的商人，立刻就想到了電燈普及後的巨大商機，於是，他在美國各地開始籌建發電廠，準備好好地賺一票。

然而，他立刻發現了電廠的致命傷：電廠必須 24 小時不停的運轉，但是，人們只會在晚上使用電燈，雖然晚上的電費已經是鉅額的財富，但是只要想到錢少賺一半，真讓愛迪生寢食難安。那麼，白天的電到底要賣給誰？

聰明的愛迪生，不愧他「發明家」的稱號，他找了一群年輕發明家，給他們充足的經費針對特定方向去發明：「白天會有怎樣的電器用品，是人們想用的？」於是，這些人發明了洗衣機、吸塵器、收音機、電視⋯⋯等產品，這些電器，逐漸構成了我們所謂的「現代生活」。

這些電器用品的濫觴，只是因為愛迪生要經營白天的發電生意。

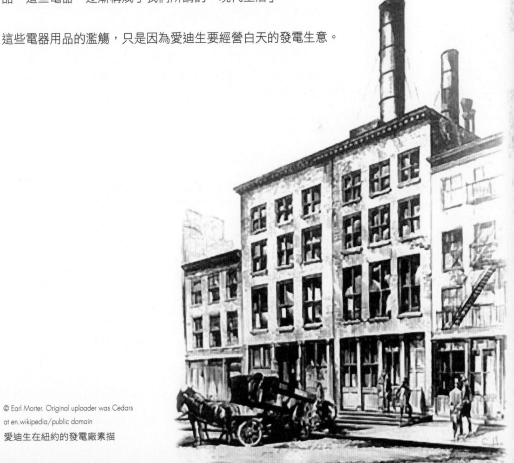

愛迪生在紐約的發電廠素描

# 32
# 馬蹄的賭局
# 與美國的霸業

邁布里奇（Eadweard J. Muybridge）是英國籍的發明家與攝影的先驅者，他最有名的作品，首推對人與動物的運動研究。

邁布里奇 25 歲時移居到美國。19 世紀中葉當時，照相術已經存在了十幾年，但是因為所用化學藥劑的限制，曝光的時間非常之久（想像：在 1839 年發明的銀版攝影，你要對著鏡頭微笑半個小時），在這個年代攝影所捕捉的世界中，會動的物體如同鬼影，在不動的風景上朦朧地漂浮著。

當年西方有錢的紳士喜歡聚集在紳士俱樂部喝酒聊天，或是找些新奇的事物來打賭懸賞（例如環遊世界 80 天之類的旅程），鐵路大亨與加州州長利蘭·史丹福（Leland Stanford）也是其中的成員，他擁有幾匹不錯的賽馬。1872 年，某次酒酣耳熱之餘，一個奇妙的打賭出現了：「馬匹在奔跑時，有沒有四腳離地的時刻？」

這件事情爭論了許久，但是沒有人能夠看到如此快速的瞬間，照相術又不能提出證據，隨著時間過去，這奇妙的懸賞金額越來越高。年輕的邁布里奇接下了這任務，他改良攝影化學藥劑的配方，將曝光時間縮短，並設計了特殊的照相機，排列在馬匹奔跑的路徑上，每個相機快門牽著一條線，當馬跑過

邁布里奇

利蘭·史丹福

相機，就會扯斷線，並且牽動快門，觸發照相機拍下照片。這樣邁布里奇便可以拍攝馬匹奔跑的每個瞬間。

打賭的結果是：馬匹真的有四腳離地的時刻，邁布里奇也拿到了打賭的獎金，並讓金主史丹福對於科技產生更大的興趣。這場賭鬥的結果，意外促成了電影最重要的技術發明，讓底片可以在極短的時間曝光成相，埋下好萊塢電影工業的種子；出資的史丹福州長，因為這次與科技相遇的經驗，之後為了紀念早夭的兒子，在 1885 年出資創辦了史丹福大學，埋下矽谷誕生的伏筆。

現在想來，一場酒後的打賭，造成了好萊塢的電影工業與矽谷的高科技產業的興起，這兩個美國壟斷全球的工業，一個屬於精神文明，一個屬於物質文明，從一匹馬離地的四隻腳誕生。

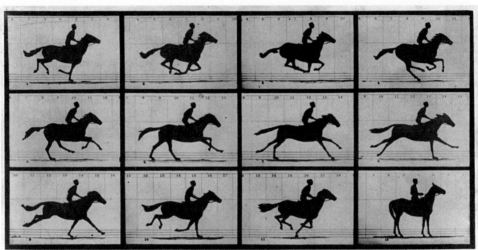

# 33 進步的原動力

2001 年台灣的媒體掀起了軒然大波，當時新竹文化局局長璩美鳳被偷拍，錄製的影片散佈到所有華人地區。整個事件，猶如電影《楚門的世界（Trueman Show）》，一個人的生活被隱藏式攝影機完全記錄，透過八卦雜誌向整個華文世界播放。

這個事件造成的影響，震撼了台灣，因為影片已經數位化，而間接促成台灣數位知識的大幅提升；例如：一位退休的農夫，因為想販售光碟賺錢，從一位電腦文盲，自修後買了電腦與燒錄器，自行燒錄光碟販售。

網路上流傳「璩美鳳事件」對於台灣網路上面的影響如下：

- 40% 網友點對點傳輸技術上升。
- 50% 民眾表示願意學習使用電腦。
- 55 歲以上的退休男性，開始覺得值得學習電腦。
- 燒錄機銷售量提高 10%，30% 網友習得燒錄技術。
- 大陸與台灣網路傳輸量激增 400%。
- 台灣與華人地區網路傳輸量激增 200%。
- 30% 民眾申請容許超過 6MB 附件的 EMAIL 帳號如 Gmail。
- 以「美鳳」為關鍵字的搜尋約佔所有搜尋的 80%。
- 當美鳳裝備上影片成為美鳳影片可使 FTP 使用者權限提升至 MAX。
- 不論是電玩板或宗教板，各大 BBS 板面無一倖免。
- 文章裝備美鳳影片下載，可得到無數的 EMAIL 回應。
- 沒有轉信系統的板面也會出現轉貼信。
- 有 T1 專線的公司，男性上班族加班率提高 30%。

這看似玩笑，但是事實上，我們的網際網路的技術與軟硬體，一直被色情行業所推動。如果我們想想以下問題的答案：

- 怎樣的人會半夜不睡覺，想要立刻刷卡付費買到想要的東西？
- 什麼樣的人需要刷卡以後，立刻在最短時間裡，下載到他剛買的東西？
- 怎樣的人需要最隱密的身分保護，不讓別人知道他的身分，與他到底買了什麼？
- 怎樣的網站經營者，會面對一群不想要留下身分紀錄的拜訪者，而需要去破解來這些人的身分，並寄推銷信件給這些人？
- 怎樣的人會需要每天下載高清的影片觀賞，並需要大容量硬碟來儲存？

24 小時線上加密刷卡機制，由 IP 追蹤 EMAIL 帳號的機制，點對點傳輸機制，網路高速下載，更大的儲存空間……這些技術的背後，都聞得到色情產業的味道。人類對於「性」的需求，從 Kilobyte、Megabyte、Gigabyte，甚至 Terabyte，永遠也無法滿足，有誰會需要 24 小時購物、半夜不睡覺並要立即線上刷卡、貨物立刻收到？這只有慾火焚身的男女（大部分是男性），才會需要的需求。

當年 VHS 錄影帶還盛行的時候，全球 VHS 的銷售額中，可有 20％ ～ 30％ 歸功於色情相關產業。這數字聽起來很不可思議，但是仔細想想，除了少數的收藏者，大部分人都是租片來看，有誰會需要購買原版錄影帶，並且一次又一次的觀看？當 VHS 錄影帶已經絕跡，網路發達的今天，大部分的男性網友，在電腦中都會有個存放成人影片的祕密目錄。

因為在半夜還需立刻刷卡並快速下載成人影片，所以逐漸改善了網路即時刷卡的服務；也因為影音資料量的龐大，才讓網路傳輸技術大幅的提升。現在逐漸盛行的視訊電話，一般人對影像視訊的品質要求並不會太在意，只要需要表達的意思傳達到就好，只有成人視訊的通話男女，才有需要看到對方高解析度的影像，並且不能有秒差的延遲。這種由最深層的生物本性中發出的需求吶喊，再次證明了「科技本於人性」的道理。

# 34
# 新時代的地理

文化與智慧在這時代，已經成為比天然資源更重要的物產。泰國以設計出名，
例如「生活工場」產品線，就是在泰國。泰國以他們的生活方式聞名，像是
食物，或按摩，讓人覺得泰國是懂得生活的國家，這就是所謂「軟實力」。
台灣能夠出口的軟實力，可能是波霸奶茶的生產方式，它在國外是熱門創業，
因為成本不高製作也不困難。

美國的大企業為了要節省客服人員的成本，將夜晚的客服業務外包到印度，
因為當美國夜晚的時候，印度剛好是白天，如此可以節省一筆加班費。當代
世界的分工模式，改寫了過去世界地理常以自然資源作為一個國家的印記。
過去印度以生產黃麻聞名，今天印度卻生產全世界最多的電話客服人員。早
期台灣以出口茶葉為大宗，而今台灣卻以生產筆記型電腦聞名全球。產業型
態的改變，也重新分配既有的地理知識。

今天，美國好萊塢產的是電影、矽谷的名產是 iPhone，泰國則是專門生產塑
膠設計品和泰國食品，日本的土產是動漫。陸客到台灣，回國時每人人手一
袋鳳梨酥。

## 過去

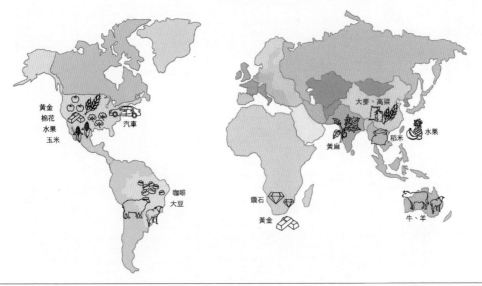

黃金
棉花
水果
玉米

汽車

咖啡
大豆

大麥、高粱

稻米

水果

黃麻

鑽石

黃金

牛、羊

## 現在

Nokia
披頭四

哈利波特

Nike

太陽馬戲團

Hollywood

LV
Armani
香奈兒

天堂
騎馬舞

動漫、汽車

Broadway 百老匯

晶片

迪士尼

XBOX

筆電

Wii

Iphone

電腦
龐巴迪

觀光

客服中心

SPA

魔戒

陳逸甄 繪

93

# 35
# 黑白電視，
# 黑白夢

英國蘇格蘭鄧迪大學（University of Dundee）心理學者伊娃‧莫辛（Eva Murzyn）的研究發現，電視會影響人夢境的顏色。大部分 25 歲以下的年輕人做的是彩色的夢，55 歲以上的人的夢經常是黑白的，可能是小時候只接觸黑白電視之故，而時隔 40 年，他們依舊會做黑白的夢。

彩色電視機於 1954 年問世，在 1960 年之後的研究顯示，有 83％的英國人做的夢是彩色的，研究的推論是：人類大約從 3~10 歲開始發展做夢的能力，即使小時候只看幾個小時的電視，但是因為感情特別投入，這些經驗深刻地影響了夢的內容。

我們常認為夢境是想像力的源頭，但從這個報告發現，夢境如此容易被科技所影響，這是否意味著，隨著網路的普及，我們下一代的夢境，出現的會是 YouTube 的載入畫面？

我們的下一代在做夢的時候，會發現每個夢都很短，畫面很模糊，而且夢做到一半還會突然停下來，等下面的緩衝區載入？

# 36
# 個人的編年史

我第一次遇到證嚴法師時，曾經對於她這樣的生活方式感到驚嘆不已。在她身邊，隨時都有三個人跟隨，一個人負責拍照，兩個負責記錄，將她所說所做，都鉅細靡遺地記錄下來，然後每季都會把記錄編纂成冊，讓世人閱讀。這大概是歷史上最詳盡的個人記載吧？

但是過了幾年，我發現自己的臉書上，每天發表的文字、照片、去過的地方與朋友互動紀錄，也成了「年表」（Timeline），突然覺得，數位時代中，每個人都在寫歷史。這讓我想起 1994 年時，我曾經在電腦上安裝了一個防毒軟體。一天，無意打開它的設定，發現了一件驚人的事情：

這防毒軟體，把我每天何時開機，何時打開哪個程式，何時用這程式打開哪個文件，何時儲存等等，時間精確到百分之一秒，幾乎把我在這電腦上面所有做的事情，都做了詳細的記錄：

```
1994.01.18.09:23:34.01: system startup
1994.01.18.09:27:36.21: run app "word"
1994.01.18.09:28:03.10: app "word" open "thesis v5"
......
```

當我翻閱這份好幾百頁的紀錄，有種無法言喻的古怪感覺湧上心頭，這些鉅細靡遺的「個人歷史」，到底和「我」之間的關係是什麼？一直到現在，我還在思索這個問題。

黃心健

現在

<u>12 月</u>

2012年

2011年

2010年

2009年

2008年

1978年

1972年

誕生

截取自Facebook

# 新因果

「善惡之報，如影隨形；三世因果，循環不失。」
——《涅槃經》

「一隻蝴蝶在巴西搧動翅膀會在德克薩斯引起龍捲風嗎？」
——「蝴蝶效應」，美國氣象學家勞倫茲。

# 37

# 果報

在全球化與網路發明前，我們生活中的因果關係都很直接，例如，你在鄰居的門前倒垃圾，可以預期鄰居會立刻敲你家的門理論。如果某甲得罪了你的父親，你可能也不會對某甲的兒子女兒有好臉色。因果關係，是存在於可以看見，可以輕鬆理解的範疇裡。工作的因果關係也是直觀的，比方，一位建築師幫某乙蓋房子，某乙是他認識的人，他知道某乙蓋房子是因為兒子結婚，需要一個三代同堂的空間，某乙付他薪水，薪水用來買米買菜，而這工作的目的，便是幫別人有房子住，工作的目的與意義非常容易理解。我們看得到被我們行為與工作所幫助或傷害的人，這些人的反應也可以直接施予於我們身上。

然而，當世界變得越來越複雜，這樣的直觀理解逐漸消失了。試著想像：你進入到美國亞馬遜公司買書，當你按下了「購買」的按鈕，這引發了怎樣的連鎖反應？某個倉庫的工人，突然收到一個指令，叫他從某個貨架拿一本他從未看過的書，放入包裝，寫上一個他不知道的人名與地名，等著貨運過來取件。他不知道他的工作到底為誰服務，他所收到指令的來源，是某部電腦的某個程式，這程式是他的業主嗎？好像又不能這麼說。如果把他的工作比喻為懸絲木偶的話，拉著他絲線的那些手在哪裡？他其實不太清楚。某天下工後，他回家看電視，新聞報導經濟不景氣，群眾的購買力下滑，隔天他被

© Frontpage / shutterstock.com

由砍伐雨林而來的巴西養牛牧場

公司解雇，新聞是否真正解釋了他丟工作的原因？還是因為公司在墨西哥找到更便宜的勞工，而把整個倉庫移往國外？

全球化之後，許多人感到莫名的焦慮，因為不知道自己的麵包，到底是誰在供給，也不知道自己所生產的小螺絲釘，到底是運到軍火工廠成為殺人武器的一部分，還是組裝到汽車裡，卻因瑕疵而造成昨天新聞裡連環車禍的慘劇。人與人之間產生更複雜的連結，我們不知道曾經被誰影響與控制，也不知自己的所作所為會影響到誰。

南美洲的熱帶雨林佔有全世界雨林的一半面積，與全球 20% 的森林。近年有大量的雨林被砍伐成為養牛的牧場，裡面有大量的牛肉，提供給速食業者（如麥當勞、漢堡王等）做食用牛肉。畜牧業產生的溫室氣體（也就是牛群放的屁）佔了全球 51% 的排放量，所以這些牧場成為最快加劇溫室效應的來源之一。

這產生了影響深鉅的因果：

**人們更愛吃麥當勞 → 畜牧業增加 → 雨林減少 → 溫室效應 → 全球暖化**

# 人為的自然

人造的環境，無聲且快速地取代了自然的影響。比方，人造的水庫，正影響地球的自轉。科學家認為，在過去的 40 年裡，全世界所有的水庫，將大約 10 萬億噸的水圍起來；促使地球每天的旋轉速度，加快了 0.000008 秒；並讓地球的軸心，向後傾斜了 60 公分。

我們所認知的春夏秋冬，正被我們的機械文明，無聲地偏移著。「春有百花秋有月」，這句話，還能持續多少年呢？我們的耕作方式，持續地抵消自然的影響，人工的溫室是否會代替自然的春夏秋冬？我們正在有意與無意地改造著我們身邊的環境，是否，有一天，機械與自然，會無痕地融為一體？

人造衛星與月，同時升起；雷達與向日葵一同隨著日出日落而轉動；氣象衛星與颱風草，一同追溯雲的變遷；手機的電磁波與陽光，同時照拂著大地。傳統節慶大部分是因為農曆而生，如新年、端午與中秋，有些則是因為改朝換代而出現，像是國慶日與光復節，但情人節等這些在工業革命後出現的節日，則是因為鼓勵消費由廠商推波助瀾而生，應該可以說是「慶祝人造物的節日」吧？

《秋月》 數位印刷
W61 x H102 cm
2004-12-19

# 39
# 天與地的對應

我有位朋友非常熱衷於飛行，他利用課餘空閒時間學開滑翔機。他的滑翔機
教練向他解釋滑翔機的原理，尋找上升氣流，讓氣流支撐飛機往上升，等升
到一定高度時，就能讓滑翔機自由的下降滑行，降到一定高度後再去尋找上
升氣流，重複這個循環，便可以長時間地飛行。

他問教練：「哪裡可以找到上升氣流呢？」
教練說：「熱脹冷縮產生空氣對流，上升氣流就是有大量熱空氣形成的
地方。」
「哪裡有熱空氣呢？」
「一般來說，熱空氣的形成，是太陽烘烤大塊岩石地面，產生旺盛的熱
空氣對流。」
「那麼要怎麼找這些大塊的岩石地面呢？」
「通常在郊區中，最容易找到，也最容易被認出的，就是大賣場旁邊的
大型停車場了。水泥鋪成的地面，被太陽曬得熱騰騰地，是大量熱空氣
的來源。」

於是，看似自由的翱翔，其實是在不斷搜尋著地面，尋找著一個接一個的停
車場。

# 40 鬼來電

我有一個詩人朋友 D，他在北京的旅途中心肌梗塞，被發現時已經死在旅館。在他過世後數月，我竟接到他寄來的 e-mail，裡面是充滿情色的鹹濕內容。之後，每隔一段時間，我都會重複收到由他寄出的類似內容。這是因為他的信箱中毒，只要有人啟動他生前所用的電腦，就會一再地寄出這些病毒郵件。

直到現在，我還不時接到他的電子郵件，不知不覺中，他已經成為我過世朋友中，讓我印象最深刻的人。

# 41 地震的歌曲

我在 921 大地震的第二年回到台灣。由矽谷回到久別的家鄉，看著滿目瘡痍的地表，我隱約地感覺到在劇烈的地殼變動中，也隱藏著人文與科技巨大的變異，而這說不清、道不明的奇異感覺，由一位偶遇的計程車司機告訴我的親身經歷，在我心中描繪出輪廓：

他家中的收音機與電燈，具備許多電器都有的功能，就是當斷電後又恢復供電，會自動開啟。他的小姨子住在南部，常喜歡 Call in 到電台裡唱歌。這些看似無關的事件，卻在 921 的那天晚上，讓他有個畢身難忘的記憶。大地震發生在深夜，當時在一片漆黑中，他被劇烈的搖晃所驚醒，完全不知道發生什麼事。數分鐘後搖晃逐漸停止，在黑暗中他逐漸恢復神智；這時，突然房間大放光明，然後他聽到從收音機傳來他小姨子在忘情歌唱的聲音。

在複雜的科技網路交織下，產生了這樣離奇的因果：

**地震→聽到遠方親人的歌唱**

這因果如果只看開頭與結尾，感覺十分離奇而沒有任何的邏輯與道理，但是如果仔細看這一連串事件的連接，卻又顯得合情合理：

**地震→停電→音響重新啟動→播放電台廣播→親人在 Call In 節目唱歌→聽到遠方親人正安然無恙地歌唱**

當這世界被複雜的網路所串連起來，有時產生讓我們瞠目結舌，甚至不知所措的結果。在這千絲萬縷互相糾纏的時代，我們有越來越多莫名的焦慮，實在是因為我們無法看透這互相交織的因果網路，無法一一理解，只覺得被無數的絲線所牽引拖曳，有如一個被人操縱的懸絲人偶，但卻不知絲線來自何處。

# 42 希望的奇妙因果

2008 年總統大選的前夕，我的第一個小孩出生了。當我在醫院陪我太太與小孩時，接到了大塊文化郝明義先生的電話，說有一個計畫想要找我談談，我沉浸在為人父的喜悅與焦慮中，迷糊中也不知自己在電話中說了什麼，接下來就發現一位乘坐輪椅的長者出現在中壢的醫院裡，問我是否願意在選舉前做一個網站，讓人民可以表達自己心中的願望。

我一直是個對政治冷感的人，然而可能初為人父的興奮稍微改變了我，有一部分也將這個看成是群體互動的實驗，於是與郝明義先生與設計師李明道（Akibo）一起合作了這網站，讓每個人都可以在這網站寫出，自己最希望政府做到的一件事。這些希望，會變成一顆星星，在黑夜的天空閃爍，每個人也可以觀看別人的希望，如果深表認同，也可以按「讚」表示推薦。被推薦越多的希望，就會變成越大的星星。

網站成功地喚醒了民眾深埋心中的情緒，許多看似微小，與政黨無關，卻跟我們的生活息息相關的希望紛紛出現在這網站上。到大選前，18,440 個希望從民眾的心中走出，呈現在這網站上。郝先生將這些希望集結成冊，贈送給後來當選的馬總統，期望政府能夠完成這些民眾的心願。

這活動結束了數月後，我發現一件有趣的事：當時被最多人按「讚」的希望，是一個看似好笑，但仔細想想，又覺得十分心酸的願望：

「我希望馬路是平的」。

過了幾個月，台北開始進行的路平專案，就是因為這希望而產生的奇妙因果。我也藉由參與這計畫，希望透過眾人的努力，讓我們初生的孩子們，有更好的環境。

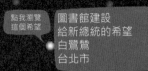

「希望地圖」的後續網站 hopemap.net/

# 43
# 即生即死

1994 年，是英國狂牛症剛開始的時間，我剛好正巧應邀到倫敦附近的一個
鄉間農舍，與一群來自國際的專家學者進行新媒體的研討會。這所仍在運作
的農舍，裡面仍然養著牛，但一些空間則改建成舞蹈練習所、會議室、討論
區等，提供給文創產業作為創意園區。在這風景秀麗的郊區，一邊過著農舍
儉樸的生活，一邊思考著科技與藝術的未來式，整個研討會瀰漫著一股奇妙
的氛圍。

參與的專家學者們產生了熱烈的激盪，我們每天都討論到半夜 2、3 點，才
依依不捨回房睡覺；一天晚上，我們討論到午夜時分，突然看到農舍管理員
帶著長柄的奇異工具，準備出去工作。詢問之下，原來農舍中有頭母牛，當
晚要生產。這事件立刻激起我們這群都市人強烈的好奇心，紛紛披上外套一
同前去觀看。黑暗中，小牛逐漸從母牛的產道出現，管理員用工具套上小牛
的身體，幫助母牛將小牛拖出。母牛淒厲的嚎叫夾雜在風聲之中，但是我們
想到的只是新生命誕生的喜悅之情。

當小牛脫出母體後，管理員惋惜地看著小牛，解釋說：英國因為狂牛症，在
新生小牛其中若是公牛的話，就要立刻宰殺，用堅壁清野的方法來杜絕這可
怕的疾病。當下我想到：狂牛症其實是人為的疾病，因為人們將牛隻屍體循
環餵養給牛群，導致有毒的蛋白質得以累積而造成狂牛症的病原。

聽著小牛在暗夜裡的哀嚎，我想著：在黑夜中，一個幼小的生命降臨到地球，
但是轉眼間就要被宰殺，我突然覺得：這真是我們人類所造的孽……。

# 44 由逝者的眼睛看世界

4 歲時我遭遇一次誤診,在右眼角膜上留下了永久的疤痕。這個傷害,影響到的不僅是視力,也剝奪了我對立體的感受和判別自己與事物距離的能力,因為走路害怕碰到東西,我成了一個畏縮躲藏的小孩。醫生宣布只能透過角膜移植手術才能治癒,但是對於民風保守的台灣,將過世家人遺體捐贈,是一件大逆不道的事情,而到國外的鉅額醫療費用,也不是父母能夠負擔,匆匆 10 年就過去了。

這被意外奪去的視力,卻在 10 年後歸還。一個由斯里蘭卡捐贈的角膜,在接近夏日的午後空運來台,緊急運到長庚醫院做移植手術;一個從未相識,也不能透露姓名捐贈者部分的身體,永遠地活在我的右眼之中。從此以後,我感知到的這個世界,有一半是經由這位逝者的眼中看到。當我在美國拿到駕照以後,我也立刻志願成為捐贈者,浪漫地想著,說不定這枚角膜,在我之後,會旅行到另外一個人的身體。

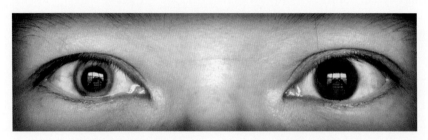

斯里蘭卡不知名人士所捐贈的右眼

這個禮物的因，是由於當時台灣對斯里蘭卡進行經濟援助，但斯里蘭卡政府無法以經濟的方式回報，於是鼓勵人民，過世後將器官捐贈給台灣人民，來報答台灣的援助；而這禮物造成的果，是從此以後，我由一位逝者的眼睛去看這個世界。每當我凝望鏡中自己的右眼，就會想起這段回憶，我的右眼記錄著這段國與國之間的友誼，也隱約地訴說了台灣一直以來的外交困境，必須要由農耕隊、金援等方式來拉攏友邦。但是這奇妙的因果造成的骨牌效應，最後卻讓我的眼睛復明。

這段經驗，讓我開始創作一系列用人體器官為主題的作品《人間機關術》：在飛越印度洋的飛機上，一個孤獨的器官被封存在冷凍容器中，帶著主人生前的記憶，飛向一個從未到臨的國度……。

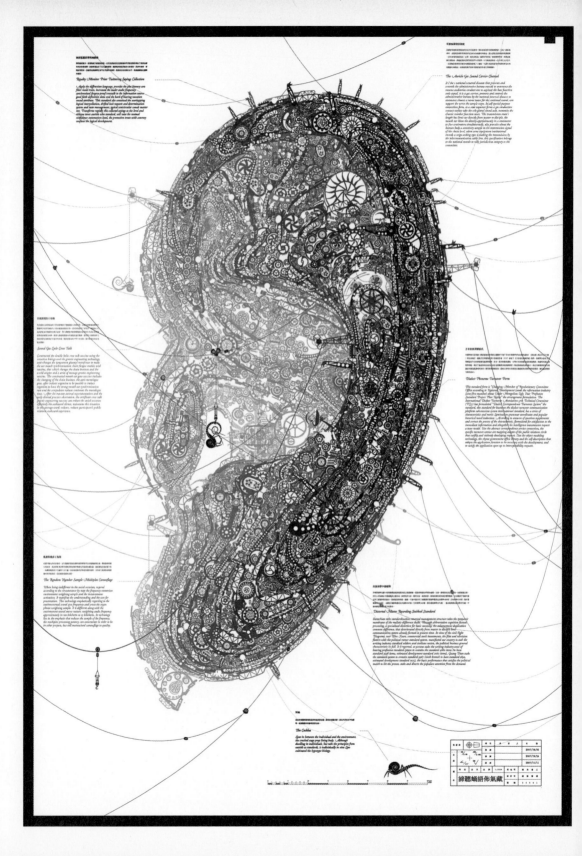

聆聽蝸語佈氣廠

（上）源於幼時經驗的創作
《凝結的光景》
不鏽鋼蝕刻，有機玻璃
Lucite。
W43 x H26.5 x L15 cm
2010-01-16

（下）《靜止的聲音》
不鏽鋼蝕刻，有機玻璃
Lucite。
W26.5 x H43 x L15 cm
2009-08-20

---

（左頁）《諦聽蝸語佈氣藏》
透明燈片印刷，鋁製框架，
燈箱。
W95 x H170 x L80 cm
2007-04-15

# 時空的重塑

晉元帝問明帝：「長安遠還是太陽遠？」

明帝回答：「太陽比較遠。因為只聽過有人從長安來，但從來沒聽過有人從太陽來。」

晉元帝很得意兒子的智慧，於是與大臣宴客時又問了明帝一次。沒想到明帝卻答說：「太陽近。」

元帝吃了一驚：「這怎麼跟昨天說的不一樣啊？」

明帝答：「舉目見日，不見長安。」

——《世說新語‧夙惠‧第十二》

# 45 新距離

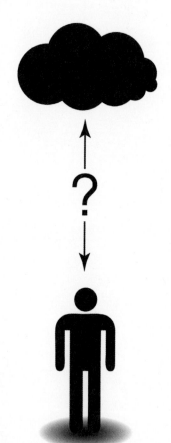

當我在芝加哥讀書的時候，經常與台灣的友人互通電子郵件。朋友就讀新竹交大，和我就讀的依利諾理工學院有學術專用的高速網路連接，所以當我們互傳電子郵件，雖然中間相隔 1 萬 2 千公里，但是網路的來回所需時間只有 2、3 秒鐘，幾乎是以即時的方式用郵件對談。但是當我回到學校的宿舍，距離學校電腦實驗室不到 100 公尺，因為中間只能用電話線撥接相連，溝通的時間立刻由數秒變成數分鐘。

這有如《世說新語》裡「太陽遠還是長安遠」的故事。太陽與地球之間的距離是 1 億 5 千萬公里，以光速計算，約為 8 分 20 秒，每當太陽上發生大規模的太陽黑子活動時，8 分 20 秒後地球的無線通訊就會陷入混亂之中。但是西安（過去的長安）發生的事件，我們可能要等到新聞報導時才知道。

數位時代的距離，是被網路的速度所測量，一個近在咫尺的地方，如果沒有網路相連，我們會感覺無法到達。相反地即使是遠在天邊的伺服器，因為有高速網路相連，也會覺得近在眼前。自從網路的時代來臨之後，兩地間的距離有兩種單位：實體世界的距離和網路的距離。這兩個距離可能一致，也可能相反。決定遠近的，不再是物理的距離，而是對我們生活實質上的影響。

我們所謂的雲端服務，如同《桃花源記》中所説：「落英繽紛，忘路之遠近」，是希望將我們對於這服務的距離感知隱藏起來，而成為與我們沒有距離的淨土。

# 46
# 實與虛的地址

網際網路最大的發明，可能是將全世界的電腦，都可以用 http 的格式去索引，這好像是本來沒有地圖的蠻荒地帶，在一瞬間，每棵樹、每塊石頭都有了地址。如果回想秦始皇如何統一中國，其中「車同軌，書同文」的措施是關鍵。我們也可以說，在 http 的命名方式發明了之後，全世界的虛擬世界逐漸被統一。http 就像是電腦用的門牌號碼，因為沒人記得住 IP，但如果改成台北市信義路 3 段 2 號 5 樓的名稱，大家就記得住了。我們把全世界都用統一的地址規格來標明，讓大家容易找到，這就是世界的統一化。每個人都可以找到網路上其他人的電腦和資料。

如果説 http 是虛擬世界的定位方式，那麼實體世界的定位方式，就是全球衛星定位系統（GPS）。空間中每個位置，都有相對應的經緯度與高度座標，GPS 號稱只用 6 碼，就可以把全世界的每一樣物品定位。

在可見的未來，虛擬的位置與實體的位置正在逐漸整合，目前飛機、貨船、貨運車隊，計程車等都傳送自身的位置訊號，讓公司中的監控人員知道目前這些航載具的位置，而 iPhone 與 iPad 的使用者也可以透過網路追蹤他們裝置的位置。

以上聽起來很抽象，但是如果這樣想：在還沒有 http 的協定之前，我們要找資料，要翻一本厚厚的電話號碼簿，去找某某圖書館，它可能在某個大學裡，所以我們要先登入這大學的主機，熟悉它的介面選單，然後再去找與它相連的圖書館電腦……整個過程，「找路」的動作就耗費了很大的心力。現在，我們只要打入：http://www. 圖書館名稱 .org 就可以到這個地方了。使用 GPS 導航的朋友，如果回想起你用導航軟體的過程，輸入地址，跟著衛星導航的指示，經過一段茫然的跟隨過程……然後就到了！我周遭使用 GPS 的朋友都有相同的感受，當使用 GPS 時，即使開過了幾十次，也無法將路記住。GPS 導航其實已經在我們的生活中造成天翻地覆的變化，不亞於 http 的革命，但是這是一個安靜的革命，GPS 逐漸在改變我們對世界的認識。

我們現在仍然認為「認路」是一種重要的能力，但當手機與 GPS 更普及與便利，再過 10 年，我們去一個地方的過程，會成為：

**打入地址**

↓

**遵循導航指令，與一段茫然的過程**

↓

**到達目的地**

這個過程，其實跟打入 http，然後等待網頁載入的過程很像。我們本來對於實體世界的認識，是整體的理解，但是因為 GPS，我們不再需要記住這整體的地圖，我們會只記住我們有興趣的地點，如同我們瀏覽器裡的書籤一樣。

我最近接受到一些 facebook 的交友邀請，邀請者卻是一些已經過世的藝術家。 例如台灣的畫家席德進、張大千等，紛紛出現在 facebook 上，而且朋友成群。這些過去的名人，從墳墓裡爬出來，在 facebook 上與大家分享他們的藝術光環。數位時代似乎超越了生死的藩籬，死去的歌手 Michael Jackson，不但可以拍電影，還可以與活著的歌手混音對唱，完全和生者沒有兩樣。

這樣的情境，讓我想到以前的民間信仰，將過世的偉人，從墳墓中祭祀而出，成為民間的神祇；例如行天宮將過世的武將，轉變為寄託信仰的神像；每當進入寺廟中，看到廣大信眾和神明講述自己生活中的私事與願望；這樣的情境，與自己成為席德進的朋友，在他的網頁上流連忘返，感覺有種異曲同工之妙。

《讀脣術（二）》便是一個實驗，將死去的紐約藝術家 Andy Warhol 製作成機器人，他可以連上網路，並在自己的 facebook 上接納交友請求（http://www.facebook.com/AndyWarhol2011），發表意見，閱讀朋友留言，並將留言默默唸出，並隨著展覽，周遊列國。

而他「活著」所需的食物，就是他在社群網路的關注與留言，如果有人不斷關注他的話，這件裝置就會持續地運作下去。然而，如果在社群網路上面，不再有人關注他的活動，裝置便會停止運作，也就意味著他的死亡。
一些貼在臉書上的問題例子：

- 你覺得，我到底是什麼？
- 你可以過幾天沒有藝術的生活？
- 我只是一個小玩意嗎？
- 猜猜看，在臉書上有多少個死去的藝術家？
- 如果每個人都有機會成名個 15 分鐘的話，你覺得你的 15 分鐘已經到來了嗎？
- 你曾想要買下我嗎？

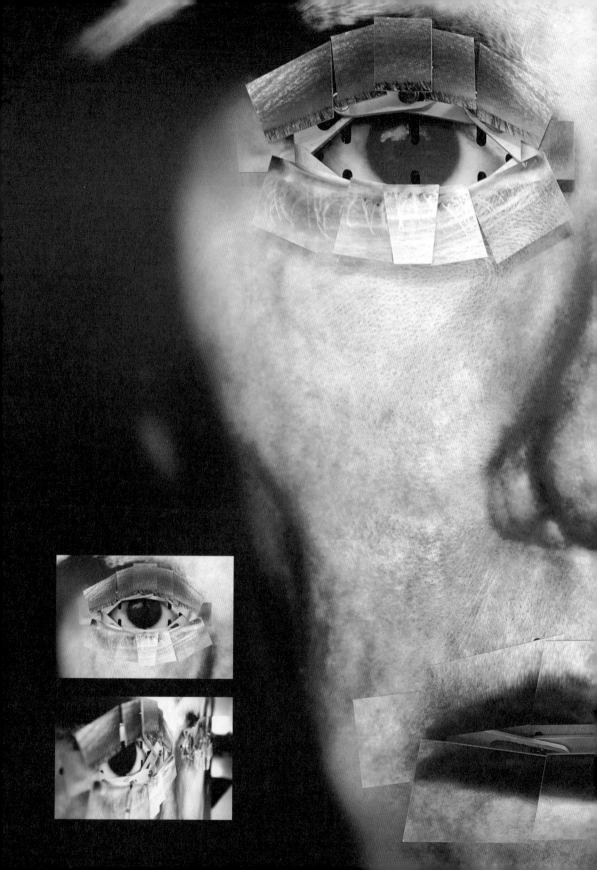

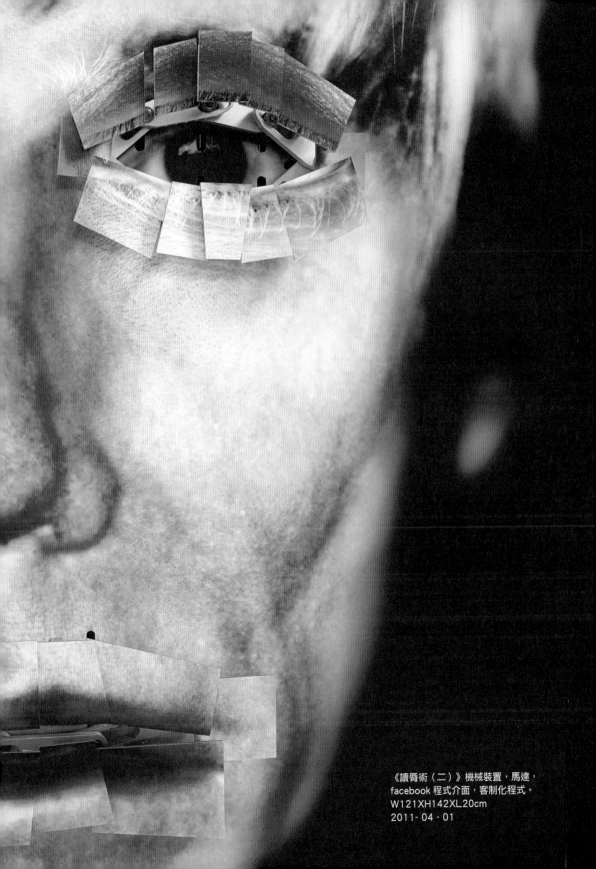

《讀脣術（二）》機械裝置，馬達，
facebook 程式介面，客制化程式。
W121XH142XL20cm
2011- 04 - 01

# 不朽二

當明星死後，一些專業的經紀公司仍然能繼續與它們簽約，持續地當它們的經紀人。

公司的工作包括各種頭像與姓名授權、推廣與取締非法使用，維護死者「正確」的形象與人格，並讓死者持續地出現在我們周遭。

美國的 CMG 公司（http://www.cmgworldwide.com）約有兩百多位「旗下藝人」，包括馬克‧吐溫、瑪麗蓮‧夢露、詹姆士‧狄恩、英格麗‧褒曼、馬龍‧白蘭度等等。每人每年都可以賺上百萬元美金的收益。

# 49 不朽三

© 本田照夫〔投稿者がスキャン〕/public domain
照片攝於 1953 年

綜觀歷史，每個文明都對「不朽」有不同的看法和達成方式，如秦始皇陵墓中的兵馬俑，或是埃及的金字塔與木乃伊的製作，都是希望在永恆中佔有一席之地。然而日本崇拜神道的神廟伊勢神宮，對於「不朽」的概念，有著不同的作法。

建造神廟的人認為：任何事物都是會腐朽的，那麼如何保有一個不朽的神宮？他們想出的方式很簡單：在腐朽之前重建這座神廟。每隔 20 年，伊勢神宮會被拆除再在相鄰的空地重建，從上面的空照圖可以看到，下方是正在拆除的神宮，而上方則是正在新建的神宮。

那麼如何一再重建一模一樣的神廟？周圍的村落居民，他們代代相傳建築神廟的古老工法，父死子繼，他們是維護神廟不朽的工人，對他們而言，「不朽」是持續地維持，直到永遠。到今天，伊勢神宮的重生儀式已經維持了1300 年。

我想，「不朽」是一個人類心中的概念，並不存在於天地之間，所以也只能用這樣的儀式，持續地保留在人的心中。

# 50
# 不朽四

今天的世界是一個不老的時代。明星過了 20 歲，便不再改變，一直扮演相同的角色，永遠不會老；讓人想到赫胥黎的科幻小説《美麗新世界》裡，人類自成年以後即過著同樣的生活，外表靠藥物保持青春美貌，晚上參與派對與狂歡，直到某天身體不勝負荷時，吞下安樂死的藥片結束生命。

其實流行藝人也過著這樣的生命，除了少數一些能夠不斷轉型的藝人，大部分的人出道後就被定型，一直演出到曲終人散的那一天，突然息影消失，不再出現。現在越來越多的男女，男性停留在看漫畫、打電玩、收集模型的狀況；女性則停在「可愛」與「萌」的表現中。本來這些人在社會上是小眾的存在，難以集結成團體，對抗整個社會施予他們的壓力，但是因為網路的興起，這些人很容易地在網路上形成社群，產生力量，對抗社會給他們的壓抑。商人更是聞嗅到商機，因而發明了「宅經濟」這樣的名詞。

網路，其實是一座「不老城」。

# 51

# 不朽五

什麼是不朽作品的首要條件？不是偉大的內涵，也不是偉大的創作者，不朽作品的先決條件，是用不會腐朽的材料製作。

這聽起來好像不值一提，但在科技快速發展的今天，很多新的材料，從未被嚴格地測試過到底可以存放多久。例如以溴化銀為原料沖洗出的照片，存放十多年後就會開始變黃；一般家用噴墨印表機的輸出，數個月後就會開始褪色。投影機的燈泡每隔 6 個月就要更換一次，用電子電路或電腦所做的創作，數年後可能原來所用的零件與軟體都已經停產或不再支援。越新的技術，似乎存活的時間越短，製造它的公司也是一樣，就算是曾是照相界的巨擘柯達公司，現在也在破產的邊緣。對於以科技創作的藝術家來說，科技首先帶給藝術界的是會腐朽的作品。

我的朋友 A，在早年時曾以賽璐珞（Celluloid）當作創作的材料，賽璐珞是美國發明家約翰‧衛斯理（John Wesley Hyatt）在 1868 年所發明，是全世界第一個成功的商業合成塑膠。但賽璐珞有個非常奇特的性質：它被製作出來後可存放許久，但是過了十幾年後，賽璐珞會突然崩解，完全碎裂到無法復原的程度。

當年Ａ用賽璐珞創作了許多作品，也被許多美術館與收藏家購買，然而，在數十年後的同一時間，這些美術館與藏家突然紛紛打電話來說作品出了問題。如同火鍋上螞蟻的Ａ為這問題奔波許久，但是這樣的作品要如何修復？如果用同樣的材質重製，再過十幾年，同樣的狀況又會再發生一次，最後他無法可想，只好人間蒸發一年。

對於科技藝術家而言，當採用了各式各樣的科技產物之後，作品也如同活物一般有了生老病死。在哲學上這是一個浪漫且發人深省的議題，但是對於作品的收藏與販售，卻是一場惡夢。

# 微量的
# 力量

「在未來，每個人都能成名15分鐘。」
　　　　　　　——安迪・沃荷

In the future everyone will be famous
for fifteen minutes.　——Andy Warhol

# 52

# 每個人都可以
# 成名15分鐘

「公共藝術」是一個奇妙的名詞。 我常常發現，在城市的街道旁，不知從何時開始，突然出現了一件名為「公共藝術」的藝術作品，民眾既不認識創作者，也不知是誰決定讓它放置在此，更不知道它跟自己生活的關連，就這麼出現在民眾的居住空間中。有時看到鄰居皺著眉頭看著這些藝術作品，猜想他們也跟我一樣，困惑著這件作品與自身的關係何在。

因為這樣的經驗，當我被邀請創作一件在南港捷運站的公共藝術時，我想到：如果大家都可以創作公共藝術，是否更符合於字面上「公共藝術」的定義？於是，我設計了一個大型電視牆，與一個讓民眾可以自由創作的網路平台，並邀請了 16 位台灣傑出的創作者，採訪他們的創作源頭，轉換成為繽紛的虛擬積木（稱為「繆思元素」），讓民眾可以運用這些積木，很容易地創造出他們喜歡的虛擬雕塑。

這些作品，會在現場的電視牆輪流播出，有如安迪·沃荷的名言：「在未來，每個人都能成名 15 分鐘。」現場的行人，如果看到喜歡的作品，也可以輕按作品旁的感測面板，為自己喜歡的作品按個「讚」；在國外的朋友，也可以在網路上創作，有如法國民眾贈送美國自由女神像的佳話，讓藝術成為聯繫人們的媒介。

《我們的私房公共藝術》
電視牆，電腦，網路，互動網站，木製油畫框，單面鏡
W750 x H300 x L50 cm
2011-01-30

我希望能夠藉此公共藝術打破創作者與欣賞者的藩籬，讓網路的無遠弗屆，打破公共藝術在地域上的限制；以前，民眾只能從欣賞的角度，讓「美」滲透進他們的生活，但在這件作品中，每個人都可以用親身參與製作的方式，去感受藝術創作的熱情與喜悦。如同部落的住民，每個人在獵人、建築師、裁縫等多重身分之外，也是一位藝術家。

希望有一天，我們見面打招呼，除了問候：「您吃飽了沒？」我們也可以問：「您，今天創作了沒？」

我們的私房公共藝術網址：http://publicart.tw/

現場行人按「讚」後，螢幕會啟動煙火。

可以按「讚」的作品。

馬英九總統創造的私房
公共藝術：《百》。

民眾在平台上創造出的公共藝術作品。

# 53
# 頭上的燈泡

巨大的螞蟻 Megolaponera Foetens

在中非喀麥隆的熱帶雨林裡，住著一種巨大的螞蟻（Megolaponera Foetens），牠是唯一叫聲能被人聽見的蟻類，而有種與螞蟻共生的菌類（Genus Tomentella），會經由呼吸系統進入螞蟻的體內。

這種植物的孢子被螞蟻吸入體內後，會跟著體液在體內循環，當孢子到達螞蟻的頭部後，就會生根發芽，並開始分泌一種酵素。這種酵素會刺激螞蟻的神經，讓牠產生不斷往高處爬的強烈慾望。當螞蟻登高力竭後，孢子也剛好成熟破腦而出，發育成株，看起來好像頭上的尖刺，並釋放出新的孢子，感染其他的螞蟻，繼續這樣的輪迴。而由於網路的發達，任何聳人聽聞的想法或是危險的知識，都會如同光速般在人群中擴散。比方「如何在家中製造原子彈」、「你也可以寫病毒程式」等的教學，每當我看到這些在網路上流通的知識，就會想到這種與螞蟻共生的菌類植物。

# 54
# 在家中尋找外星人

對於有興趣尋找外星人的朋友，可以下載這螢幕保護程式，讓你電腦閒置的時候，為尋找外星人盡一份力量：
http://setitaiwan.tripod.com/MIRROR/

這是美國「尋找外星智慧計畫」（SETI, Search for Extraterrestrial Intelligence）的分散運算程式。安裝了這個螢幕保護程式之後，在電腦閒置時，運算程式會自動啟動，將無線電望遠鏡的資料運算，分析天體無線電短波頻率中，是否有外星智慧傳來的訊號。

這計畫已經執行多年，目前約有 300 萬人的電腦有安裝這螢幕保護程式，用他們電腦的零碎時間，為找尋外星人盡一份心力。

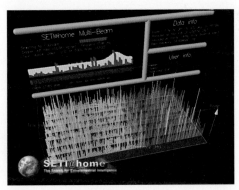

SETI 螢幕保護程式畫面

# 55
# reCAPTCHA

Captcha 是辨識碼的意思，通常在註冊或留言的網站，因為怕被機器人攻擊，而要人辨識一些歪歪扭扭的文字。目前每天約有 20 億的辨識碼被人辨認。建構在 captcha 上的 reCAPTCHA，是一個以群策群力方式來翻譯古早的書籍、報紙與廣播節目的計畫。它的原理很聰明，反正大家都要填寫這些辨識碼，為何不利用這個機會，讓眾人來做一些有益世界的事情呢？所以這個計畫將那些從古老文件掃描下來，卻因太模糊而不容易被電腦光學辨識（OCR, Optical Character Recognition）翻譯為數位檔的圖片，轉成辨識碼的格式，讓大家來認字。

reCAPTCHA 有兩個部分，右邊是已經有正確辨識的文字，左邊是是電腦無法辨識的文字，如果使用者辨識出右邊的部分，那麼就可以通過檢測，但左邊的辨識結果會被記下來，當大部分的使用者都輸入相同的辨識後，這個字就會通過檢測，被標示成「已經被辨識」。經過大家的微量努力的累積，這些難以被辨識的書籍就逐漸轉成電子檔案了。

LOCUS PUBLISH

reCAPTCHA 網站：http://www.google.com/recaptcha

# 56
# 不可忽視的零頭

進入數位時代以後，在工業時代無法運用的微量資源，透過電腦與網路，成為巨大的利潤來源。

例如，智慧型手機幫助人們將本來無法運用的微量時間加以利用，像是通勤與等待的時間，本來只能在茫然中度過，現在可以查電子郵件，看幾頁小說，或是在臉書上打個卡。

早期電腦犯罪的案例中，有個有趣的案例：一個為銀行設計程式的電腦工程師，在程式裡面偷偷寫了一條指令，將這銀行中，每個人的帳號裡撥出小數點以下的零頭，到戶頭排序最後的帳號，然後他在這銀行開了一個叫 Zyxxx 的帳戶。這個策略非常成功，數十萬人每月的餘額都匯入到他的帳戶，雖然只是零頭，但聚沙成塔，也是一筆豐厚的財富。但是有一天，一個名叫 Zzxxx 的人在同樣銀行開了帳號，突然發現自己帳戶多了一筆來路不明的款項，而揭穿了這個程式設計師所開的後門，這應該是小額交易（Micro Payment）概念的興起。

陳逸甄 繪

麥可‧喬登曾經是美國最高薪的運動員，年薪約 3,000 萬美元。但是，如果跟比爾‧蓋茲相比呢？假設他不吃不喝的存錢，那他還要再存 277 年以後，才可以和現在的比爾‧蓋茲一樣有錢。

但比爾‧蓋茲如何可以這麼有錢呢？以微軟賣出的產品數量推算，比爾‧蓋茲只是向全世界 1/1000 的人收了數千元，就可以變成如此有錢。如果你可以向全世界每人收 10 元，你就是全世界最有錢的人。透過網路，向廣大群眾收個幾毛錢，聚沙成塔之下，就成了巨大的財富。

現在的雲端運算，將一些需要耗費大量電腦運算的工作，分配給閒置的電腦，或是讓眾多使用者在閒暇的時間幫忙，龐大的工作也可以被眾多的微量人力消化掉。這也是網際網路時代才能發生的事情：揪團與聚眾，將微量的零頭轉變為可以運用的資源。

# 57 民主：被分擔的微小責任

因戰爭而死的因果，要歸於布萊爾還是平均分配到選民身上？

美國熱門影集《千禧年（Millennium）》，其中一集的劇情，是描述一個連環殺人魔綁架受害者，透過網路，公開播放被害人被監禁的即時影像。當瀏覽人數超過 100 萬人時，兇手就會把人質殺害。

每個進入瀏覽的民眾都認為：我只不過是微不足道的百萬分之一，應該不會差我一個吧？所以禁不住好奇心的驅使，進入網站觀看。但最後暴增的人潮讓兇手殺害人質。

以這個故事來說，網路時代到底誰是兇手？或者這是網路造就的共犯結構？每個人平均分擔了微小的責任，但累積起來，卻是一個滔天大罪。

其實這樣的事情，早已在民主國家普遍地發生。例如：英國選民選擇改善英國經濟的布萊爾（Tony Blair）成為首相，即使布萊爾偕同美國出兵攻打伊拉克，為子虛烏有的大型毀滅武器宣戰；民眾在麵包與正義之間選擇了麵包，但是伊拉克無辜人民的生命，到底要算在布萊爾的身上呢？還是平均地分擔在選民身上？

# 58
# 微量隱私

我的隱私被人看了！

Gmail 提供免費、大容量的信箱服務。

它的獲利來源是搜尋信件中的關鍵字，作為提供公司做行銷與市場調查的資料數據。例如，每個人在登入之後填寫的年齡和性別資料，和他們電子郵件與 GTalk 中出現的關鍵字配合起來，就可以知道某個年齡、地理或性別族群流行的關鍵字是什麼，只要看在這些人中該關鍵字是否有升高的變化，就可證明行銷是否成功。

換句話說，信箱用戶的每封信件，都貢獻了極微小的數據資料。從隱私權的角度，如果有人偷看了某人的信件，某人可能會勃然大怒。但如果信件是在匿名與統計的情況下，他只會成為龐大數據資料中的一小部分，我們則會感覺隱私權仍受到保障。如果聽說私密的信件會被電腦程式搜尋分析，大概每個人都會立刻拒絕。但是如果是 10 個人被分析呢？大部分的人還是會覺得隱私被侵犯。但是如果 1,000 人、10,000 人……當人數達到百萬人以上，我們開始覺得無所謂。

醫院賣病歷資料給藥廠作為研發依據，銀行賣個資與購物習慣作為行銷廣告參考。雖然 Google 把隱私賣給別人，但是當 Gmail 的使用者超過上億，我的個人資料混在這龐大的數據裡面，我的隱私應該安全無虞吧？

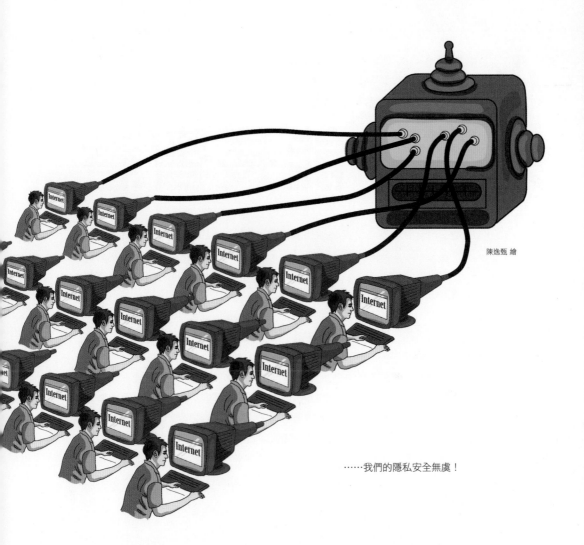

陳逸甄 繪

……我們的隱私安全無虞！

# 59

# 小我變笨，
# 大我才能長智慧

大腦是主司智慧的器官，由腦神經互相連接而成，但單一的腦神經其實是很笨的，甚至可說是沒有任何的「智慧」。腦神經只負責傳遞送給它刺激的訊號，並在傳遞時，加強或減弱訊號的強度。而我們的智慧與記憶便儲存在這些連結與傳遞的加權上。

這樣的現象，也逐漸在網際網路中看到。網路盛行以後，我發現創作的人變少了。絕大部分的人，只是將自己看到聽到的事物，加些想法意見，然後「FORWARD」給朋友同事。大部分的部落格很少有自創性的言論，大部分的人習慣把他搜尋到別人有趣的東西貼在自己的部落格或臉書裡，過水成了全民運動；每個人都是熟練的傳遞者，整個網路越來越像腦神經網路，個人負責的就是把收到的訊號傳遞並加個讚，如果資訊有趣的話，就會繼續傳遞下去，分享給更多人。如前面所提，腦神經網路的智慧，並不是存在於單一的腦神經細胞裡面，而是在網路裡透過傳遞、加權的方式而展現它的智慧，達到群體運算的結果。

以這樣的思考而言，我們現在的網際網路事實上是在逐漸地訓練我們每個個體去加入集體智慧的脈絡之中，我們每個人可能會越來越笨，但整體表現出來的智慧會越來越聰明與更團結。

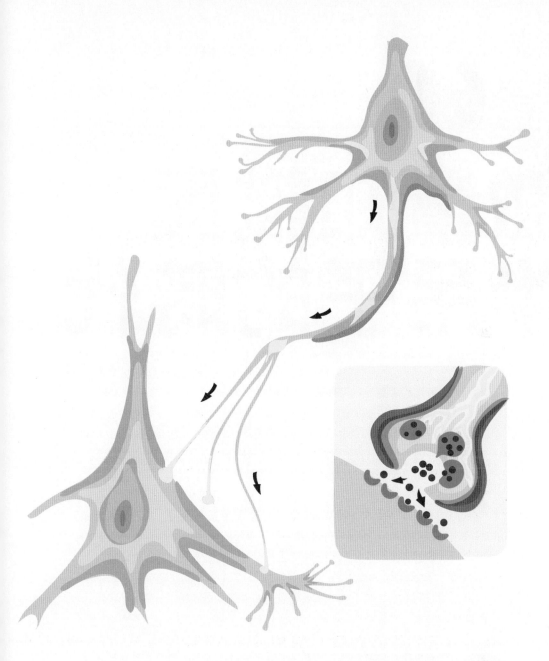

陳逸虬 繪

腦神經只負責將訊號傳給下一個腦神經

# 微量知識與
# 半吊子的時代

隨著數位時代的來臨，人們的閱讀習慣與吸收知識的方式也在急遽地改變。

一位知名媒體雜誌的主編承認，自從使用電腦、手機與平板電腦閱讀後，他已經無法閱讀太長的文章，以前預先保留、長時間、注意力集中的閱讀習慣，已經被隨時隨地、短時間、隨時可被打斷的微量閱讀所取代。

以前的時代，文字是由少數經由時間淘汰的菁英撰寫而成，人們摒棄其他雜務，專心地鑽研這些專精的知識。但是今天的文字，是我們利用零碎的時間，從各個管道匯集而來的即時資訊，沒有開頭也沒有結束，裡面混雜著tweeter，facebook，blog 等不同性質的資訊，24 小時向我們推播。這好像又回到古時的章回小說：「欲知後事如何，請聽下回分解。」文字不再是靜態知識的呈現，而是資訊串流的一部分。

數位時代的來臨，也宣告進入了半吊子時代。以往在腦中思索清楚以後，才發表最後的理論，現在是還沒有想清楚，就趕快丟出來。如同微軟的作業系

148

統，做了一半，便販賣給全天下的人使用，然後根據大家的反應（像是駭客的攻擊），再慢慢修正。想法如果發展得太完整才貼出來，就少了「互動」的元素，網友看了以後，沒有發表意見的空間，只能看著大師的作品、興嘆自己與大師的差距，在網路時代，這樣的貼文，很快就會被網友忘記。

理論發展如果尚未完全，瑕疵很多，只要夠聳動、或是觸動人心，讓每個人都想發表些意見（像是那句老話：只要有報導，不論好壞，都是好事），產生諸多話題，讓網友可以在網路上持續討論，這樣就有了「時間性」，每天這個議題都會有些新的人加入討論爭辯，如同滾雪球一般。大家每天閱讀，感到這話題因為自己的關注而逐漸興旺，變成一個聚集人氣的主題，每個人都可以參與意見並感到與有榮焉。

從以前看來，人的腦子是封閉的；而網路時代，整個網路變成一個巨大的大腦，把尚在發展的想法公布出來，讓其他的人有繼續思考的機會，這是否是網路時代，雲端運算的真正發展？

注意落海

# 殺人的

遊戲公司程式徵才的面試對話：

「請問您之前的工作是什麼？」

「我在軍方擔任模擬訓練軟體的開發。」

「您覺得自己的能力適合擔任您所申請的工作嗎？」

「我之前的工作內容，是運用 3D 技術與撰寫 AI（人工智慧），以電腦模擬的方式訓練沒經驗的菜鳥駕駛，這部分我相信完全是貴公司所需要的能力。」

「很好，我相信您的能力一定會在我們部門得到充分的發揮，恭喜你，你被錄取了。」

# 技術

# 61

# 奪命手機

1996 年 4 月，車臣反抗軍領袖杜達耶夫（Dzhokhar Dudayev）躲在麥田中打衛星連線的手機，這訊號被蘇俄攔截後，在 150 里外發射手機訊號追蹤飛彈，將這位反抗軍領袖炸死在車臣西郊的小村裡。這應該是手機所引起的傷害中，最嚴重的事件。

如果想對這位死在第一個死亡手機的不幸領袖致意，可以上他的臉書憑弔：
http://www.facebook.com/pages/Dzhokhar-Dudayev/49360364744

# 62 戰場中的 XBOX把手

美國 iRobot 公司所生產的遙控機器人，
可以用改裝的 XBox 遊戲把手控制。

美國軍方近來最大的變革，首推開發小型的遙控機器人與遙控飛機，以減少
人員在戰場上的傷害。這些遙控機械，有些是用來拆卸炸彈與掃雷，有些則
是用在偵察上，更有些直接裝載機槍與飛彈，用來殺傷敵軍與攻擊軍事目標。
上圖是美國軍方發展的遙控偵察掃雷車的模型，但是仔細看看，有件事情很
不對勁：遙控車的控制器，是拿現成 XBOX 的遊戲搖桿改裝而成，想像在硝
煙戰火中，美國大兵拿著遊戲把手進行任務，給人一種超現實的色彩。

# 63

# 軍方的YouTube

隨著 Web2.0 的興起，軍方也開始覺得，由上到下的軍隊組織，是否也可以
來共創共享一下？

美軍任務小組 ODIN（Task force ODIN）發展了一個類似 YouTube 的系統，
將由無人偵察機、直升機、精靈炸彈、雷射照準儀等拍攝到的影片，上傳
到這個影片網站，讓同袍可以根據軍方的地標系統 MGRS（Military Grid
Reference System）、時間等參數來搜尋。如果有人想知道某地在某時間發生
的事件，就可以用類似 YouTube 的介面去搜尋與觀賞……。

繼美國軍方陸續使用 XBOX 的把手遙控機器人與軍方 YouTube，誰說軍隊不
好玩？

# 64
# 你不可以向
# 直升機投降

這是維基解密（WikiLeaks）流出的美軍對話：

2007 年 2 月 22 日，美軍代號「瘋馬」的阿帕契戰鬥直升機以 30 公釐火神砲攻擊伊拉克地面的反抗軍。兩名反抗軍在猛烈的砲火下決定投降。然而，當駕駛通報基地後，美方隨軍戰鬥律師在無線電中回覆：

> 「人是無法向直升機投降的，所以他們仍然是合法的目標，命令你立刻將他們消滅。」

當人與機器合體之後，我們仍然是人，還是成為機器的一部分？而當我們成為制度中的小環節，在大我的規範之下，個體的人性要何去何從？

美軍的阿帕契地面攻擊直升機

# 65
# 躲在安全的
# 地方殺人

前美國總統柯林頓

柯林頓與魯文斯基的緋聞，為什麼會引起如此大的爭議？

因為柯林頓與魯文斯基在辦公室偷情的時間，正好是總統對波斯灣戰爭下令的時刻，當時，他正掌控許多人的生命，但卻與女助理做著香艷的情事。他處在安全的辦公室中，生命無憂，即使戰事激烈，在遙遠戰場拚搏的人的死活，對他而言，只是報告中的數字而已。

越來越多的遙控戰爭機器被發明，有些甚至有著電動玩具的外觀與操作方式，這些戰爭機器雖然可以保護兵士的性命，但也讓人類減少殺人的罪惡感與危險，卻增加了殺戮的娛樂層面。美國「國防先進研究計畫署」（DARPA）已投注 700 萬美元發展以念力控制的遙控機器人，也許在未來，電影《阿凡達》裡的遙控生物會出現在戰場上。

微型飛行機器，使用觸碰式的操控裝置，用於軍方執行一般性監視任務取得空中情報。

# 軍隊裡的
# Power Ranger

美國軍方的簡報，過去都是用幻燈片來呈現；因為製作幻燈片的過程有點麻煩，而且幻燈機的硬體也只能放置一定數量的幻燈片，所以無形中限制了簡報的頁數，讓簡報者以最精簡的方式報告。

但是自從電腦發明以後，微軟（Microsoft）在 1990 年發行了 PowerPoint，使得製作簡報變得非常簡單，一張幻燈片只需打幾個字、放幾張圖就完成了；更由於其他 Office 軟體的加持，製作圖表更是信手拈來，不花一滴汗水，和以前要手繪表格，然後剪貼好再翻拍的繁複過程，有著天壤之別。因此隨便一個簡報，都可以超過 100 張投影片。因此在 PowerPoint 引進之後，美國軍方就獨立出一種特殊的軍官職務，專門負責來做 PowerPoint 簡報。這些軍人被戲稱為「金剛戰士」（Power Rangers），他們全部的工作就是幫長官準備 PPT，因為怕長官簡報時被比下去，他們努力地將 PowerPoint 發揮到淋漓盡致，裡面所有的換頁效果、文字動畫等等，都不惜本錢般的丟入，讓將領在簡報時有著極度華麗的動態效果。

常常一場簡報下來，觀眾被迫看一、二百張幻燈片，裡面充滿著各種炫目的換頁與動畫效果，通常經過這樣沉重的資訊轟炸之後，觀看者對於簡報真正的重點，反而都無法記得。所以美軍內部評估，因為 PowerPoint 的關係，微軟把美國軍方的效率降低了 20 ～ 30%。由於美軍也跟北約組織合作，當他們在協同作戰時，這可怕的 PowerPoint 簡報方式也流傳到了北約的系統。

# 67
# 暢銷的殺人
# 模擬遊戲

© www.americasarmy.com/Public domain
America's Army 遊戲的封面

AA（America's Army《美國陸軍：特種部隊》）是 PC 上 10 大最暢銷的遊戲之一。但這個遊戲並非由任何一家遊戲開發商所製作，而是美國軍方所研發。

當初這款「軟體」（遊戲在這裡好像並不是個好名稱）由美國陸軍中校凱西·沃德斯基（Casey Wardynski）提出，當作網路行銷的工具，以美軍作戰的模擬軟體協助軍方募兵、吸引年輕美國人從軍；同時也運用在實際的軍方訓練上，透過電腦程式模擬減少實際訓練的開銷與傷害。這遊戲在 2002 年 7 月 4 日發行（美國國慶日），到現在已經是 V3.2 版了。

對於玩家來說，AA 號稱是極度寫實的一款遊戲，從任務進行方式，武器的威力，到模擬的效果，完全是以真實作戰為藍圖來設計。這遊戲目前已經獲得數十個遊戲界的獎項，包括美國哥倫比亞廣播公司 2003 年頒發的年度最佳遊戲。

直到今天，許多美國年輕人因為「操作」了這款軟體而產生當兵的念頭，但是吸引他們從軍的，到底是達成任務的成就感，還是在戰場上操作武器與生殺予奪的快感？

還記得湯姆‧克魯斯主演的反戰片《7 月 4 日誕生（Born on the

# 禁運的3C產品

© Nikonaft/ shutterstock.com
電玩繪圖晶片可以改裝成巡弋飛彈的導航系統

© Evan-Amos/public domain
在當時號稱最強大圖形運算晶片的 PS2 主機

索尼的遊戲主機 PlayStation2 在 2000 年開始銷售，但在美國，PS2 是列管出口的產品，禁止銷售到與美國有敵意的國家，例如敘利亞、伊拉克等。這是因為 PS2 中有高速影像處理的晶片，晶片可以很容易地被改裝成長程巡弋飛彈中，以數位地景區域校正器（DSMAC, Digital Scene-Mapping Area Correlator）製作的導航裝置，為了國防安全，這些敵國的小孩，很不幸地被排除在現代電子娛樂產業之外。

波斯灣戰爭之後，美國也曾經把網際網路相關的軟硬體列管，因為波斯灣戰時，美軍的戰術是切斷伊拉克指揮部對外的聯繫，所以他們以飛彈為攻擊指揮部的通訊設施，但是後來發現無論如何轟炸攻擊，過了一會他們的指揮部又會恢復與部隊的聯繫。原因在於伊拉克軍方用的通訊方式，其實是我們現在所用的網際網路；網際網路並不是一個單一的線路，而是一個網狀的系統。如果今天網狀的系統裡有台電腦當機或線路斷線，它會自動找尋另外一條路徑去聯絡，這個特性，反而成了伊拉克指揮部無法切斷聯絡的祕密武器。

# 微波海鷗

當我在 Sega 工作時，我的同事 J 是一位從軍方退役的程式設計師，他在海軍的職掌是監控空母上的戰術雷達。這是一個非常高頻的雷達，旁邊裝了一個攝影機，監控雷達前方是否有人。因為雷達其實就是一個超大型的微波爐，裝攝影機是為了安全起見。有時他會看到海鷗飛來停棲在雷達旁邊，這時，如果他將雷達停下並對準海鷗，5 秒鐘內，海鷗就會頭下腳上的栽下來。

微波爐的發明者派西‧史賓賽（Percy Spencer）是一家雷達公司的工程師，一天，當他靠近雷達的時候，發現口袋裡的花生巧克力融化了，於是他用爆米花做實驗，發現可以用雷達微波來烹煮食物，因此在 1945 年正式提出專利，1947 年推出第一台商用微波爐。

微波爐剛出來時，大家都覺得很神奇，但並不了解它的原理。當時美國賣漢堡薯條的快餐車開始使用微波爐，許多工作人員為了方便與快速，將微波爐的門拆掉，將微波爐持續設定在「開」的狀態，並直接用手將要加熱的漢堡放入與拿出。這些不知情的工人在數個月以後，手開始有紅腫與無法彎曲手指的症狀，因為快餐車工人的手如同上述的海鷗一樣，已經從內部被烤熟了。

並非所有科技對人的真正影響，都像微波爐一樣很快地被發現，有些可能要好幾十年，甚至上百年才會看出來，如果這個影響是不可修復而且是巨大的，那麼人類就有被滅種的可能。例如，狂牛症的潛伏期可能是 20 年以上，或是基因改造的食品、手機、電腦輻射、溫室效應等等，科技在帶給人類進步與信心的同時，也像是埋下定時炸彈，結果大概只有我們的後代子孫才能知道。

# 70
# 限制防撞桿高度的立法

當休旅車越來越受到消費者的歡迎時,美國加州曾試著立法限制車的防撞桿高度。

由於車主喜愛駕駛休旅車時,那種睥睨眾生、高高在上的感覺,製造商也迎合車主,將休旅車的底盤越造越高。這樣的設計,讓休旅車在車禍時減少損傷,但當兩輛車底盤的高低差越大,休旅車的損傷會越小,對於車禍的另一方造成的傷害則會越嚴重,增加了轎車駕駛人的事故風險。經統計,轎車與休旅車相撞,轎車的修理費遠超過休旅車。

休旅車的售價比較高,這觸碰到了社會正義的核心:有錢人可以有更好的社會資源,但當窮人與富人發生車禍,總是窮人受重傷,而富人沒事,這是否是一件公平正義的社會能夠接受的事?當休旅車的駕駛習慣了高高在上的視角後,這會不會改變他/她的駕駛習慣?這也是一個耐人尋味的研究課題。

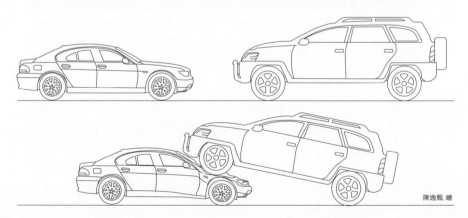

陳逸甄 繪

# 71
# 我不接「生」

太太懷了第一個小孩之後，我們挑選了一所在時尚區，被眾多名牌服飾店圍繞，布置得很有設計感的一家婦產科做定期檢查。這是一間非常熱門的診所，每次我們掛號看診，等候室總是坐滿了穿著時尚的年輕美女，偶爾夾雜著陪伴她們的男性。

醫生十分專業，態度也非常體貼細心，我們按時到診所檢查，直到預產期前兩個月，醫生突然暗示我太太，是否要轉診。醫生的建議讓我們大惑不解，在追問下，醫生告訴我們，其實這間診所沒有產房，也沒有任何配合的產房，她也不提供接生的服務，所以建議我們找有產房的診所轉診。

我無法說出在那瞬間我受到的衝擊，除了我們這對糊塗夫婦，其他所有來此看診的女性，都沒有把孩子生下來的打算。當我走出診療室，再次看到等候間裡，那些安靜而優雅地坐著翻閱時尚雜誌的女性時，我突然覺得胸口有股無比的沉痛。

# 遊戲的歲月

「昔者莊周夢為蝴蝶，栩栩然蝴蝶也，自喻適志與！不知周也。俄然覺，則蘧蘧然周也。不知周之夢為蝴蝶與？蝴蝶之夢為周與？」

——《莊子‧齊物論》

# 72
# 自我在哪裡？

我在 Sega 任職時有一位同事 B，她是滿清正黃旗的後裔，也算是位滿清格格。某次回台灣度假之後，她有一個神祕的小動作：工作了一陣子之後，她會打開抽屜，對裡面凝視一陣子，這時她的臉上露出如蒙娜麗莎般神祕的微笑，然後關起抽屜，繼續她的工作。

這個奇異的舉動維持了許久，一天，我終於忍不住問她，抽屜中到底放了什麼。原來，抽屜裡放著她回台灣拍的青春美少女沙龍照。照片中她穿著各式服裝，有些清純、有些性感，一系列她在真實生活中不曾有過的造型與角色

扮演。我想，當她看著這些沙龍照，在忙碌的工作中，彷彿跳脫了例行公式，幻想自己成為另一種人的可能性，當抽屜關起，她又從這短暫的白日夢，回到現實工作中。

沙龍照就像是一種角色扮演，填補現實生活中的缺憾，提供一個做夢與寄託的場域，滿足現實人生的不完美。當工作疲累的時候看一看沙龍照，彷彿自己還有另一個人生。

遊戲中的世界也提供了類似的服務：一位非常肥胖的宅男，每天窩在家裡，吃飽了睡，睡飽了吃，從未想要改善自己的體態。但自從他迷上線上遊戲之後，他的生活完全被改造。他在遊戲中創造了一個虛擬角色，因而去鍛鍊這個角色的功力。其中一個方式是讓角色拿著斧頭，在虛擬的森林中以砍木頭的方式增加角色的力量屬性，玩家在現實世界中用滑鼠耐心地點擊虛擬的樹木，點一下大概可以增加一點的屬性質。他可以從晚上九點到半夜兩點，窩在電腦前面，每天耐心地點一萬次滑鼠，看著角色逐漸成長，他對遊戲中角色的維護，和他在現實生活中是個極端的對比。

我越來越常看到年輕人，在現實生活中忙著上網、粗魯地忽略他人，只是為了在臉書與即時通訊中，殷勤地與人互動，我不禁想著，他們在虛擬世界的自我，比真實世界更來得重要。

生物本能中所謂的「自我保存」（Self-Preservation），意思是指生物對於自我的界定，並對此自我進行保護與自衛的本能。從肉體上的保健，到精神上保護自我的獨立意識，與維護自己在社群中的關係與地位，都是自我保存的範疇。但網路時代，「自我」到底在哪裡？沉醉在網路的人們開始有了不同的認定，現實肉體不再是自我保存的唯一選擇，更多的人選擇網路上的虛擬人格當成他們的自我所在。

有時看著在網路遊戲中光鮮亮麗的角色，他在現實生活中的操作者，忙著打工存錢買虛擬寶物，並且熬夜憔悴地玩遊戲，感覺上，現實中的操作者宛如這些角色的僕人，為虛擬角色盡心盡力地賣命。

# 73
# 多重人格

玩角色扮演的時候，透過性別互換，可以超脫環境對我們的限制，不僅免除現實中手術的痛苦，且能夠很快於短時間進行試驗。只要在 Facebook 上將自己的臉換成一張美女圖，就會有很多人來和他交友。在實際的世界，自己的一張臉，要怎麼整型才可以受到歡迎，這可能是改變表象的作法，但若我們在網路上，直接換一種身分去和這個世界接觸，別人會怎麼對我反應？

在電玩或網路的世界裡，我們擁有這樣的自由。非常多人擁有多重電子郵件帳號，代表自己不同身分的社群網路帳號，網路時代已成為給人們自由發展多重人格的實驗場。

據統計，台灣的上班族每人擁有 1.59 支手機，我有時思考，那多出的 0.59 的意義。

# 74
# 被機器摸頭

有位心理學家提出了以下的原則：

> 大部分的人喜歡被稱讚。
> 人無法判別被人稱讚與被電腦稱讚的差別，
> 所以電腦的稱讚與真人的稱讚有同等的效力。

這聽起來有些荒謬，我們堂堂人類，怎麼會被機器摸頭，還覺得樂不可支？如果我們看看沉迷於電玩的人們，他們耗費了無數的時間，所求的就是打怪殺魔王的那一瞬間，寶物從空中飄散而下的成就感，猶如一隻看不見的手，摸著這些玩家的頭說：「你好棒喔！」

類似的情況會越來越多，聰明的商人會發明更多摸頭的方式，讓人的成就感與虛榮心獲得滿足，並乖乖地掏錢出來購買這樣的經驗。

# 75
# 新移民

澳洲藝術理事會在 2007 年曾宣布，提供美金兩萬元的駐村補助，獎助藝術家到虛擬世界第二人生（Second Life）裡駐村。

這看似花絮的小新聞，但卻傳遞了一個訊息：我們在虛擬世界中的文化交流，已經被國家級的機構所承認，並可以用現實世界的金錢獎勵。通常用實體所在來定義的「駐」這個字，也更著重於精神層面，在網路上的神遊，也可以被視為「駐」的一種方式。電影《阿凡達》的情節，其實正在虛擬世界中發生。

人類歷史上有幾次大規模的移民潮，例如由歐洲遷徙到美洲與澳洲的歷史事件。這些大規模的移民，通常是由於天災人禍，與人們追求更好的生活環境而引起。

今天，一個隱形的移民潮正在發生，我們的下一代，拿著網路遊戲的帳號，每天花至少 2 個小時的時間，在虛擬網路世界裡生活。這些虛擬世界中有自己的獨特環境、居民、法律、風俗民情、貨幣，居民可以從事各種職業與形成各種關係；在這世界中結婚是司空見慣的事情，甚至在 Second Life 中，生孩子也是可能的。

每個網路遊戲，如同一個新興的國家，向世界招募新的國民，願意移民的人們，只要繳納上網的稅金，就可以在其中安居樂業，只是醫療保險與退休金尚未提供……。

# 76
# 唯我獨尊

由於遊戲越來越真實，人們浸淫在遊戲中的時間越來越長，因此在遊戲中養成的習慣，也逐漸被帶到現實生活中。

我曾有位十分喜歡玩「星海爭霸」（StarCrafts）的主管，一天下班後，到喜歡的酒館小酌，發現他喜歡的位子被一群人佔去，當下他的反應，是在腦中浮現一個影像：拿滑鼠圈起這些人，如同遊戲中的場景，命令他們起立讓位，站到一旁。

這情景越來越常見，因為在電腦遊戲中，玩家感覺到自己高高在上，是遊戲世界的主宰，他們的性格與行為隨之改變，但是回到現實世界中之後，他們腦中仍然殘留著這些性格與行為。一位電影導演曾敘述如下的經驗：他的一部電影中，裡面有兩位分飾皇帝與太監的演員，當他們經過漫長的工作時間遵循戲中的尊卑行為後，即使收工後，演皇帝的演員還是繼續使喚演太監的演員，而演太監的演員也理所當然地接受了這位「主子」的吆喝。這個故事說明了人容易入戲，而我們現在的電腦遊戲，則提供了「立刻」、「即時」入戲的機會。

遊戲逐漸侵蝕真實與虛幻的疆域，將虛幻的習慣帶到真實中，這和我們的少子化社會互相共鳴，深遠地影響了我們下一代的性格。最近一些社會重大刑案，都有共同的特徵：沉迷於電玩或網交的年輕男性，以極度殘暴的方式殺害沒有順從己意的女性，電玩文化造成的影響，正在逐漸浮現。

# 77

# 你在玩遊戲
# 還是在睡覺？

科學家曾經做過一個實驗：比較讀書與玩電子遊戲的人誰的腦波比較活躍。

這似乎不需要實驗就可以得到結論：電子遊戲是如此的激烈，需要全神貫注與眼手協調才能過關；而讀書則是非常靜態的活動，讀書的人默默地閱讀，沒有電子遊戲囂張的聲光效果，兩者的比較，完全不在一個檔次。

然而，實際測量當事者的腦波後，得出的數據卻讓所有人跌破眼鏡。讀書者的腦波十分活躍，玩電子遊戲者的腦波，有如睡眠的人。為什麼呢？因為電子遊戲所刺激的部分是脊髓，這些部分並不牽涉到複雜的人性思考，而是手眼協調、運動神經與反射動作。一如〈人類腦中的爬蟲〉（P.32）所說，是屬於爬蟲類的思考中樞，並不會引起屬於人的腦波活動，無怪乎玩電子遊戲者的腦波如同睡眠。

但是當我們閱讀小說的時候，必須不斷地將抽象的文字符號轉換為腦中的意象，才能融會貫通整體故事脈絡，例如，當我們閱讀《三國演義》時，描述

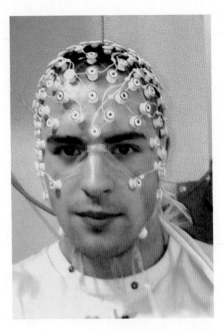

劉備「雙耳垂肩，手長過膝」，我們必須在腦中想像出劉備的相貌，才能繼續跟隨書中的文句。或是讀到《哈利波特》中的魔法，我們也必須在腦中產生出自己的動態影像，否則就無法跟隨故事繼續下去。所以，當我們讀書時，其實每分每秒，我們的大腦都在勞動，而這勞動橫跨邏輯思考、文字符號解釋、想像與情感產生等，所以在各種活動中，讀書會產生最活躍的腦波活動。打電玩的時候，遊戲裡提供太多的感官刺激，反而使人停止想像，越讓人著迷的媒體如電影、電玩等，越讓人容易失去自己娛樂自己的能力，讓人憑藉這些媒體才能得到娛樂。現在全世界最賣座的電影全都是特效片，我們習慣依賴科技帶給我們娛樂，這已經是人類社會的發展趨勢。

人必須喪失自我思考的能力，才能成為巨大意識的一部分，而這個巨大意識正在成形，凝聚的力量，以全球經濟、電影、音樂與電子遊戲娛樂產業，網際網路的巨大動力，緩緩地將地表上的人類，納入一個巨大的網。人不再做獨立的思考，我們所做的，只是如同腦細胞一般，將傳遞給我們的訊息，再加權送給其他的腦細胞。但是這樣的未來，是否是個體所期望的？

# 78

# 無限的想像

道格拉斯．亞當斯（Douglas Adams）是著名的鬼才英國作家，他的《銀河便車指南（The Hitchhiker's Guide to the Galaxy）》，曾搬上廣播劇、電子遊戲，並在 2005 年搬上大銀幕。

他對於電玩遊戲也充滿著興趣，並且一直挑戰遊戲的技術層面。我曾在1997 年的「遊戲開發者論壇（Game Developers Conference, GDC）」上的演講與他相遇，當時他正與遊戲廠商合作，開發一款新型態的遊戲。在演講的最後，他為正在開發的遊戲留下一段耐人尋味的描述：

> 「我正在開發的遊戲，是一個有無限的解析度，遊戲畫面的擬真程度與細節，跟真實世界有過之而無不及，這款遊戲，是一個只有聲音，沒有畫面的遊戲。」

換句話說，這些豐富而絢麗的畫面，是由口述故事引發玩家自己的想像。

# 79
# 毀掉電腦三分之一工作效率的來源

© Maaaks/Wikimedia
Commons/ GPL

微軟 1990 年出版 Windows 時，有個小遊戲「接龍（Solitaire）」隨著 Windows 一起賣出。

這看似毫不起眼的小遊戲，是由當時在微軟實習的學生衛斯・切利（Wes Cherry）所設計的。Windows 出版接龍遊戲以後，曾經有人做了個統計，調查使用者在用 Windows 時，使用了哪些程式。統計結果非常讓人驚訝：使用 Windows 的所有時間裡，有三分之一是在這個遊戲。

這可能是因為當年這是隨機附贈的唯一遊戲，而這遊戲也有種讓人欲罷不能的樂趣。在不知不覺中，所有使用 Windows 的人都玩過，甚至比爾・蓋茲也曾玩過，並覺得這遊戲太難贏，從 Windows 3.0 到 Windows 7 都可以看到它的身影。無數人玩電腦遊戲的處女經驗，就是失身於它。雖然它可能是全世界最紅的遊戲，切利卻沒有因為這遊戲拿到半毛錢，但是當他接受訪問，他兩隻手枕著他的頭，雙腳交錯架在辦公桌，留下了如下的敘述：

「非常自豪，成為毀掉全球三分之一工作效率的來源。」

製作從超級瑪利歐到 Wii，
全世界最厲害的遊戲設計師
宮本茂。

# 超級瑪利歐
# 的迷幻體驗

如果仔細分析超級瑪利歐的視覺語彙，不禁讓人沉思，任天堂的首席設計師
宮本茂（Shigeru Miyamoto）心中到底在想什麼？

在遊戲中，一個水電工，穿過陰暗而潮溼的水管，去拯救心愛的公主；而周
圍的景色是如此鮮豔，像是吸毒後才會有的迷幻經驗。不知是否是巧合，水
管工人只有在吞食了色彩斑爛的蘑菇後，才能巨大化為超級瑪利歐，向敵人
展現他英武的雄姿。

超級瑪利歐遊戲中，可以讓瑪利歐變大的寶物香菇。

鮮紅色的 manita muscaria 香菇，除了有毒
還是種強烈的迷幻藥劑。

# 81

# 只玩一次的遊戲

1992 年，正是電腦遊戲蓬勃的時候，做遊戲來賺錢是個熱門的投資。 當時我認識的一位朋友，是一位一窮二白的業務員，白天在一家電腦零售店打工，下班後借公司電腦搬回家中車庫，進行色情遊戲的製作。

剛開始他的遊戲裡所使用的色情影片，都是向錄影帶公司購買版權而來，但做了一年之後，他已經成為一方富豪，買了全套的電腦設備，能夠自己聘雇演員與導演拍攝需要的影片腳本。他還花了百萬元買了當時最尖端的 SGI 繪圖工作站和 3D 軟體，目的只是在做他遊戲裡的 3D 按鈕。

那時，做情色遊戲是個穩賺不賠的生意，即使是再爛的遊戲，只要封面做得稍微吸引人，就會被衝動的男性買家「順便」買回去玩一玩。美國電腦賣場裡賣的成人遊戲光碟，買家常常花了 9.99 元買回家，玩了一次之後發現這是個大爛片就把它丟在一旁，但是像這種只玩一次的遊戲，一年也可以賺個百萬美金。

# 82 天堂的經濟規模

網路遊戲已經逐漸成為一種生活方式。許多人每天花了可觀的時間在上面。在 1999 年美國產業報告指出,電腦遊戲產業的產值,已經超過了電影工業。

這聽起來好像很不可思議,但是如果我們拿電影史上最賣座的電影《鐵達尼號》為例,一個瘋狂喜愛這部電影的觀眾,他/她最多可以看幾次呢? 10 次、20 次、100 次,這可能已經是極限了。但是任何一位沉迷於網路遊戲的玩家,每天至少花費 3 小時以上在遊戲中,而他們是以月費繳交遊戲的費用,相比於電影工業,遊戲產業由這一群金牛不斷地提供金錢,難怪產值可以超過電影工業。

用個小故事去了解遊戲產業的經濟規模:我曾認識一位剛畢業的年輕人,他幫一位跟他同樣年輕的朋友做網路遊戲「天堂」的面交。所謂面交,就是甲方在網路遊戲裡賺了很多天幣或虛擬寶物,但乙方沒有這些寶物、天幣,而願意用真正的新台幣來兌換這些可以瞬間讓他/她升級的物品;因為怕被欺騙,所以相約到某加網咖,坐在相鄰的兩台電腦前,同時登入遊戲,在遊戲中走到共同的地方,然後在現實世界裡一手交錢,在網路世界裡一手交貨。

讀者可能覺得這只是一個小本生意,但是這位剛畢業的年輕人,他一個月的營收已經到達百萬台幣。他註冊了非常多的帳號,並在大陸找了許多想玩天堂的玩家,提供他們免費帳號,交換條件便是賺到的天幣與虛擬寶物歸他所有。每個帳號分配給 3 個玩家,以 3 班制 24 小時不停地打怪,所以累積天幣與寶物的速度非常快,而這些虛擬的貨幣,讓他源源不絕地賺進了大把的鈔票。

遊戲公司也不停地推陳出新,想出新的點子來擠金牛的牛奶。國內一家遊戲公司,推出了台幣 50 萬的虛擬裝備讓玩家購買,聽說已經賣出不止一套。「宅經濟」的潛力,讓商人十分期待。

# 83
# 靈肉分離

號稱世界最大的區網派對

電玩界有所謂的「雷神派對」（Quake party）或是「區網派對」（LAN
Party），類似電音派對（Rave Party），這是將「雷神之槌」（Quake）或是「絕
對武力」（Counter Strike）這種第一人稱射擊遊戲，變成一場瘋狂的派對。
方式是揪團 20 到 30 人，再找一個出租倉庫，每個人把自己的電腦與網路設
備帶去，架設好區域網路，並準備好 1 到 2 天分的垃圾食物與飲料在身邊，
然後開始 24 小時不間斷與無網路延遲的廝殺。一些特別注重「不間斷」的
玩家，甚至會安裝尿袋。

經歷 24 小時不間斷地廝殺，眼睛注視著驚險的畫面，耳朵聽到爆炸的特效
聲，畫面中的人物不斷奔跑跳躍，旁邊是飛濺的血肉，大腦會覺得玩家處於
極度危險的環境，因此持續分泌腎上線素，讓玩家可以應付危險狀況。但事
實是，他們躺在椅子上，只有手在動，身體處於休眠般的狀態。長時間下來，
玩家的身體與思考開始產生斷層：大腦極度亢奮，身體卻如同睡眠。當遊戲
結束，腦與身體重新連線時，高速運轉的腦子與如同睡眠的身體連接的剎那，
會產生一種無可言喻的違和感，被稱為「靈肉分離」現象。「靈肉分離」現
象十分危險：在玩家開車回去的路上，他們很容易就會飆到 100 多公里的車
速。這是因為遊戲中節奏十分快速，當玩家回到現實時，會不自覺地想要回
復到遊戲中的那種刺激，因此作出很驚險的動作，這都是由於無法立即從亢
奮的心智狀況中回復到現實生活。

當我們穿梭於虛擬與真實世界越來越頻繁時，身心的違和也會越來越嚴重，
而許多未曾出現過的怪異社會現象也逐漸發生。我們現在看到的，可能只是
冰山的一角。

# 84
# 被引誘的行為

在電玩遊戲世界裡,常常有這樣的設定:

當玩家打怪時,發現前面有許多補血物件與武器出現時,後面一定躲著大魔王;在關卡前面,會放置可供破關的物件。這些暗示與引導,無形之中也制約了玩家的想像力。我們被培養著去接受並且習慣這樣的引導方式,逐漸變成一種無形制約,像是走進預設的情節。在這樣的情節之中,我們的意志只要輕輕推動一個起始的骨牌,接下來的動作就會水到渠成,完成一個看似困難,其實容易的過程。

有人曾經做過實驗,在高速公路的跨越橋上,故意將鐵絲網剪破個大洞,並在旁邊放了幾塊磚頭,經過橋的行人中,有不少人受到引誘,將磚頭由洞中丟下。在現實世界中,一般人可能會因為道德與法律的約束而抵抗誘惑,但是如果場景轉移到虛擬世界中,大部分的玩家都會接受引導,照著遊戲設計者的暗示行動。例如在第一人稱射擊遊戲中,經常制高點附近會擺著狙擊槍,方便玩家將經過的敵人「爆頭」,大部分的玩家都會接受這樣的安排,享受一下當狙擊手的樂趣。當我們越來越服從系統設計者的安排時,我們也越來越少質疑,這樣安排背後的用意與對我們的影響。

當玩家變成「順民」後,在現實生活中也會遵從媒體的引導去想,玩家大腦沉睡,遵循反射神經朝著最少阻力的方向前進,而失去了獨立思考與行為的能力。如電影《駭客任務(The Matrix)》所言,我們都生活在一座「看不見的牢籠」裡,我們從來沒有想過逃脫,因為它本身是看不見的。

# 愛在技術蔓延時

啊！火炬遠不及她的明亮；她皎然懸在暮天的頰上，
像黑奴耳邊璀璨的珠環；她是天上明珠降落人間！
瞧她隨著女伴進退周旋，像鴉群中一頭白鴿蹁躚。
我要等舞闌後追隨左右，握一握她那纖纖的素手。
我從前的戀愛是假非真，今晚才遇見絕世的佳人！

—— 羅密歐看到茱麗葉第一眼後的詠嘆

# 85
# 一見鍾情

©Apterex/Wikimedia Commons/public domain

當我在矽谷的研究公司工作時，裡面有一位同事從事生物學的研究，他的研究主題之一是個島上的狐狸族群。這些狐狸，以外表的互相對看與聞嗅體味做為交配伴侶的選擇依據，如同人類世界的「以貌取人」。

但是這樣的「以貌取狐」，在視覺上互相的吸引，剛好選擇到在基因上最大的差異，而產生了基因互補與產生後代最大多樣性的結果。如果這是事實的話，那麼我們人類社會裡，男女交往先看外表（所謂的「看對眼」），其實並不是像表象的那麼膚淺。像是莎翁名劇《羅密歐與茱麗葉》中，年輕男女第一次相遇就可以生死相許，超越了家族的利害關係，一見鍾情之所以會在我們的擇偶行為中成為影響重大的因素，這也許是在時間長河裡，生物逐漸發展出來，異性之間挑選適合對象的一種直覺。

# 86 Dear John Letter 的演化史

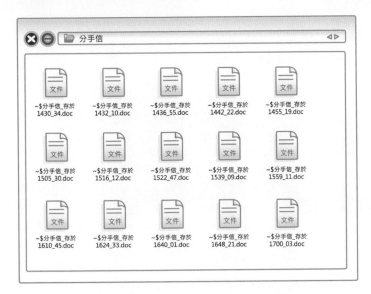

一位同事與我分享他的一段經歷：他在外工作時，女友在家中用他的電腦寫與他分手的信件。當他回家以後，女友已人去樓空，迎接他的只有這封印在A4 紙上的絕交書，以非常理性的方式分析他們之間的種種問題，分手是最好的決定。他獨自一人在電腦前讀完信後，覺得非常沮喪，只能無意識地玩弄滑鼠，不知道該怎麼辦。

微軟的 WORD 曾經有個功能，每隔一段時間會自動儲存一個版本，而他剛好把這項功能打開，但他女友並不知道。他將這些隱藏的檔案一一開啟閱讀，發現女友花了整天的時間去寫這封分手信，並做了許多修改；電腦裡儲存了十幾個不同時間的版本，有些寫得非常纏綿悱惻，回憶過去共有的記憶，有些則充滿了怒意，攻擊他們相處時的摩擦。版本隨著時間演化，將情緒性的文字逐漸刪除，最後只留下理性訴說分手的緣由。讀完這些信以後，他心情不再那麼鬱悶。因為，他知道女友對他，並非如原來所想，是那樣的冷淡無情。

# 87 心賊

美國的研究發現，81% 的婚外情，都可以在當事人的社交網站上找到證據。

數位時代的徵信社工作之一，便是想辦法取得這些人的社群網路資料，分析裡面可疑的蛛絲馬跡。某位知名數位雜誌的編輯，跟太太一同在臥房時，還一邊用電腦的即時打字通訊與情婦進行火熱的交談，甚至進行網路性愛（Cybersex）。這是只有數位科技才能辦到的事——身與心的完全分離。

我有一位女性朋友，自從發現她男友劈腿的情事之後，會定時檢查男友的通訊錄，並將裡面看似女性的名字與聯絡資訊塗掉，杜絕男友的後續聯絡。

蘋果電腦的牛頓平板電腦上市之後，她男友立刻買了一台，拿它來記下所有的通訊資料。他並非需要使用它其他任何的功能，只是因為牛頓可以用密碼上鎖。

# 數位代溝

我的朋友 D，有天突然打電話叫我過去，幫他們家的電腦急診。原來，D 有個亭亭玉立的高中生女兒，他的女兒與一般高中生一樣，非常喜歡用 MSN 互通訊息。他害怕女兒誤交損友，要求女兒 MSN 上都要將談話紀錄留下，他要不時去檢查。

青春期的女兒感覺到自己的隱私受到莫大的侵犯，一位精通電腦的同學傳授她祕技，將 MSN 通訊紀錄用密碼鎖起，並説自己只是隨意地玩弄電腦，不小心啟動了這個功能；心急如焚的老爸，覺得這些被鎖起的檔案，一定隱藏著女兒莫大的祕密，於是立刻找尋身邊懂電腦的朋友來家中解鎖。

當我在進行我的「義診」時，旁觀 D 女兒臉上頑皮的笑容，與 D 臉上深深的憂慮，感覺到「代溝」因為科技的關係，又加深了不少。

陳逸甄 繪

# 89 另類友誼

電腦遊戲出現以後，人與人之間的友情維繫變得更多元。當我在紐約工作時，公司位於蘇活區的一棟大樓裡，因為人數眾多，所以分別租了 4 樓與 10 樓。下班以後，有時我們會透過區域網路玩一個叫「馬拉松（Marathon）」的第一人稱射擊遊戲。

雖然我在 10 樓工作，很少接觸 4 樓的同事，但是公司網路卻不分軒輕地將我們連在一起，並進行了一場接一場的對戰。其中有一個特別凶惡的敵人，對於火箭砲特別拿手，每次都把我炸得血肉橫飛。

我從來都不知道這位神射手是誰，只知道他的線上名稱叫做馬克斯（Max），一直到聖誕節的派對，所有員工都在 10 樓慶祝。正當酒酣耳熱時，有一個非常英俊的年輕人，穿著一身俐落的西裝，走到我前面，伸出大手，對我自我介紹：「你好！我是馬克斯，就是那個常用火箭筒將你炸碎的人……。」

# 90 網路情殺事件

陳逸甄 繪

在虛擬世界中殺人，在現實生活中需不需要負責？

一名 43 歲的日本札幌女子在線上遊戲「楓之谷（Maple Story）」中殺了她的虛擬丈夫，因而在現實生活中面臨有期徒刑的刑責。

由於不滿她的「丈夫」要和她離婚，這名女子利用她虛擬丈夫的帳號和密碼登入後，將他的網路身分刪除。通常，虛擬世界中的報復行為會交由線上遊戲業者或是虛擬社群的管理者處理，不過這名女子最後卻因「違法侵入他人電腦及竄改電子資料」的罪名，遭到警方逮捕。根據日本法律，她最高可被判 5 年有期徒刑或易科罰金（最高可易科罰金合新台幣約 15 萬元）。

一個小小的刪除動作卻換來這麼大的代價，或許連她自己也始料未及。不過，究竟網路世界裡的虛擬行為，是否該受現實世界中的法律所約束與制裁呢？

# 雲端美女

據說有個女子，在英國的名人社交圈中相當地著名且神祕，許多人曾與她在電話中聊天，卻從未見過本尊。她常輾轉獲得名人或明星們時常出沒地點的消息，他們也許會突然在工作的地點，如錄音室或是攝影棚接到電話，話筒中傳出一個女子性感且引人遐想的聲音，並用幽默生動的談吐與其攀談，像是：「我要找某某某，啊，他不在嗎？你的聲音聽起來很耳熟，你該不會是誰誰誰吧？我猜對了！不知你是否記得我，我們曾經在 XXX 的派對上遇到過……」這些男性明星們也相當樂意繼續這意外的邂逅，女子使用這樣的方式，與許多人成為無話不談的好友，甚至不少人也與她在電話中做愛（phone sex）。

英國明星社交圈都知道有這樣的人存在，卻從來沒有人真正見過這神祕的女子。有些人傳說，這女子真正的面貌頗為肥胖，面容醜陋，然而偏偏有著黃鶯出谷的嗓音；但大部分的人，寧願相信她生得國色天香，花容月貌。

陳逸甄 繪

陳逸甄 繪

# 92

# 特種月老

所謂飽暖思淫慾,當人類滿足了生物的基本需求之後,傳宗接代的本能便開始蠢蠢欲動,網路上面迎合這種需求的網站,也如雨後春筍般出現。

從剛開始的「愛情公寓」、「be2」這些服務普羅大眾的網站,到近來針對少數目標族群的交友網站,例如有錢人與少女間的牽線網站「甜爹」(sugardaddie.com),或是在 iOS 上面的同志交友軟體 Grindr 等。一些從前不方便講,或是比較羞於啟齒的關係,經由網站的隱私,突然變得四通八達,無孔不入。這些服務,藉著私密與快速的功能,讓隱藏於人心的慾望得到宣洩的出口。

更重要的是:透過手持裝置與 GPS,以前覺得壓抑與隱藏的癖好,可以在 Google Map 上發現同好者,從前在茫茫人海中遍尋不到的特殊伴侶,可以由行動裝置的濾鏡中一覽無遺。

「慾不孤,必有鄰」,這在少數族群的心理上是一個極大的支持。

# 93
# 死亡與婚禮

R是我工作上的同事，一位甜美的猶太女孩。在我進入新公司時，她正與未婚夫計畫他們的婚禮。她在法國有位友人，是一棟在巴黎郊區古堡的管理員，能夠任意地運用這場地。於是她計畫了一個盛大而美麗的婚禮：將所有的朋友邀請到巴黎，晚上住在這有數世紀悠久歷史的古堡裡，第二天迎著晨曦，華麗而浪漫的儀式會在中庭中展開，她與未婚夫會踏著曙光，走入他們人生的下一階段。

一切的想像是如此美好，但是當她緊鑼密鼓地計畫籌備細節時，不幸的消息傳來，那位法國友人竟然得了絕症，壽命僅剩下幾個月。那段時間裡，當我們熬夜加班時，R也留在公司陪我們，並趁著與巴黎的時差，和早起的法國友人聯絡，要在那位朋友不能視事之前，將婚禮完成。雖然無心傾聽，但在安靜的夜晚，他們電話上的討論異常清晰地傳入我的耳中。

多年以後，我仍然清楚地記得那魔幻的情景：一位準新娘對著電話細訴著多少朵玫瑰、多少瓶香檳、多少位樂手、音樂的曲目、紅酒杯的樣式、地毯的確切顏色……一邊安排著無比浪漫的婚禮清單，一邊暗暗數著對方距離死亡的日子。

# 94
# 即時通，
# 冷笑話與一夜情

在 ICQ、MSN、 Google Talk 普遍以後，「即時通」變成年輕男女溝通的最
佳工具。然而，即時通普遍後，我們下一代的溝通交流也受到很大的影響。
年輕的朋友，常一次開好幾個視窗，跟 7、8 個人同時聊天，這跟打字快速
以外，簡化文法、代碼、交談片段化都有很大的關係。

很多老一輩的人感嘆年輕人的文章口語化，因為 MSN 就是他們的文章，文
法顛三倒四，錯字百出，標點符號也權宜省略。對於老一輩的人而言，文字
是用來出書成冊，是要保存的，一篇文章在出品前，要審慎地檢查、修改。
寫完之後，文字是一個永久性的存在，會印在書中、發送信函、成為出版品，
被遠方或是許多人閱讀。文字，是一種儲存訊息的工具。

然而今天，文字變成年輕人聊天的工具，任何太正式的形式，都可以省略，
是一個非常暫時的訊息聯繫。如果這句話説不清楚，反正聊天打屁原本是在
殺時間，再重新解釋一遍也更能聯繫彼此情感。而與多人聊天時，年輕人可
以隨時開始對話，不需要像老一輩的習俗，要先打招呼，互相問好，了解對
方基本狀況，感覺到雙方同步以後，再切入主題。他們可以隨時開始、隨時
結束，與多人溝通時，談話的上下文範圍只有 MSN 視窗中的上下幾行。當
一個人 M 他時，他只需要看那短短數行，來回覆對方，而當對方停止對話後，

這段談話便可以結束或轉移話題，不需要再次問好與告別。

這也變成現在數位文明的趨勢：介系詞、敬語、發語詞、冠詞正在消失，關鍵字與感嘆詞才是王道。搜尋時，用關鍵字；溝通時，講出關鍵字，丟幾個感嘆詞進去，中間的關連性由對方大腦自動補上，這，便是現在的 Internet 文法。這樣的習慣下，很多與文字相關的文化開始改變。例如，對於老一輩，冷笑話會難以理解，但是如果追究起來，冷笑話就是以上下文立刻產生的笑點而成立的幽默，不需許多文字來鋪陳，笑話本身只需要一句話，這也只有沉浸在即時通文化的年輕人才能充分掌握這樣的幽默。

不只如此，當年輕人習慣了這樣的社交方式以後，看看現在的一夜情，也會覺得理所當然。當老一輩認為要上床前必須慢慢互相了解，約幾次會、吃幾次飯，了解對方家庭與喜好；年輕人可以立刻切入主題，做他們愛做的事，然後結束。一段感情的發生，只要前後十幾分鐘有 feel 即可。

老一輩對文字與溝通的持久、單一、長久，相對於年輕人的片面、多元、快速，我們的文化正在改變。

諾基亞1997年的全球口號：「科技本於人性（Human Technology）」。這句話少說了後半段。人性有善有惡，有些充滿崇高的道德感；但有些則漫不經心，得過且過、敷衍了事；有些則狡猾算計，有些傲慢，甚至有些是黑暗而充滿了自毀的傾向。

因此，科技也有善有惡，有的崇高，有的敷衍了事；有的充滿心機，有的則是傲慢，甚至隱藏著自我毀滅的傾向。

就如同人一樣。

# 科技中

的人性

# 95

# 74分42秒

大賀典雄是索尼（Sony）的傳奇副總，他曾經是一位專職聲樂家，奔波於音樂廳與 Sony 總部之間，一直到有一次他太過疲倦，在後台睡著讓演出開天窗之後，才放棄了聲樂家的工作。他曾邀請卡拉揚到日本演出，旅程中卡拉揚心臟病發作，死在他的懷裡。

當索尼開發音樂光碟（CD）時，原本設定的長度為 60 分鐘，但大賀典雄堅持 CD 的長度應不少於 74 分 42 秒，因為這是貝多芬《第九號交響曲》的演奏時間，這長度後來成為 CD 的規格。這個小故事訴說了一位有人文素養的科技領袖，在關鍵時刻思考一個重要的問題：

**技術要如何支持我們文化的核心價值？**

我們的工程與技術人員，無時無刻在設計與決定技術的規格，這些考量，大部分是以成本與消費者的喜好為依據。但是，如果放慢腳步，回想曾經感動我們的文化內容，再看看這些規格可以如何支持這些內容，例如：

**怎樣的 CSS 規格，才能展現李白的〈蜀道難〉？**
**多少 DPI 的螢幕，才能顯示宋徽宗以瘦金體書寫的《牡丹詩帖》？**
**幾吋的平板電腦，可以最舒適地閱讀老子的《道德經》？**

當我們文化正快速地被轉移到數位世界時，我們的技術人員也必須要有更多的文化素養，才能將文化傳承到數位環境之中。

蜀道難　李白

噫吁戲，危乎高哉！
蜀道之難，難於上青天！
蠶叢及魚鳧，開國何茫然。
爾來四萬八千歲，不與秦塞通人煙。
西當太白有鳥道，可以橫絕峨眉巔。
地崩山摧壯士死，然後天梯石棧相鉤連。

當橫排時，就失去其意韻的〈蜀道難〉。

# 房子中的人性

城市，常讓人覺得巨大、冷漠，尤其是現代化的高樓，人被掩蓋於冰冷的玻璃帷幕後，大型商業看板之下；建築的巨大量體，永恆不變的存在感，與其代表的經濟力量，常讓人覺得渺小、無力、短暫的存在，被城市所擺布。小市民終其一生，在它的陰影下活動，由其所構築的迷宮中奔波，求得一家的生計。

然而，城市看似冰冷的外表，卻是由人們集體的意志所建造，每一個建築都是收容人們記憶的載體；移民沉澱為市民，市民建構了城市，也移動了城市。只是，越是現代化的建築，其外表代表個人的視覺元素越加稀少。

我喜歡觀望老舊的公寓，光憑外面曬的衣服形式與數量，窗外養著的花草，窗上貼的窗花，就可以大約猜想出裡面住的人，是男是女、他們的喜好、興趣、生活習慣。如同讀一本書，短短一眼，就能讓我神遊於他們的生活之中。然而，充滿著人味兒的元素，卻在「不體面」的感官下，逐漸失去。一個「體面而現代」的公寓，便是把這些東西隱藏起來，換上一個制式統一的面孔。我不再從這些現代建築中感受到住的人的氣質，讀出的是一種被消毒隔離的味道。住在裡面的人，彷彿戴著建商販售給他們的面具，不允許將他們的個性外露。

在這裡，我想做個瘋狂的夢：城市，是否可以隨著一個人的身影，在一首狂想曲中翩然起舞？

就像是老公寓，觀賞者的搔首弄姿，改變著建築的風貌，城市的建立與傾頹，就發生在一個小市民的扭腰擺臀之間。經由互動裝置，將人民廣場周圍，從古到今的地標性建築，隨著參訪者的身影翩翩起舞，沉重的水泥磚塊與鋼鐵招牌，輕盈地在手足迴旋之間搭建與散落，使旅者的身影，與城市建築重疊交織，重新建立起人與城市的直接對話。

如同故事書的老公寓，和完全摒絕個人氣息的現代玻璃帷幕大廈。

# 深夜的字謎

十多年前當我還住在舊金山，有一天深夜開車經過一個破敗的社區。昏暗的路燈勾勒出傾頹的輪廓，便宜的鐵絲網籬笆在車燈的照射下，將交叉的陰影包覆在斑駁的房子上。當我凝視著延伸至無盡黑暗的路面時，突然，沒有任何預警，引擎發出一聲悶響，車子熄火了。

昏暗中，我慌亂地下車，邊戒備著在黑暗中打量我的遊民，一邊快步走到附近的電話亭。亭中黃頁早已被撕得稀爛，我只好打電話給接線生，詢問最近修車廠的電話：

「你好，這裡是太平洋貝爾公司，我是麗莎，請問你要查什麼號碼？」
「嗨……您好，我想找這附近的修車廠電話……這裡好像是 XX 街……」
「請問修車廠的名稱是？」
「我車子突然熄火，這整條街都很黑……我急著找拖車……你能否幫我看最近的修車廠？」
「先生，很抱歉，公司明文規定，我們不得圖利特定的廠商。如果我給你廠商 A 的電話，那麼就會對廠商 B 不公平。所以，我不能提供你這個資訊。」
「什麼！我現在被困在一條黑街上，這裡看起來很危險！只有你能幫助我！」

「先生，我非常希望能幫助你，但是礙於規定，我真的不能洩漏……。」

「你隨便講一個都不行嗎？」

「先生，這電話是有錄音的，我的上司會抽樣……我不能違反公司的規
定。但是，你可以隨便說一個修車廠的名字，如果有這家店，我就可以
跟你說它的電話！」

沒有其他的選擇，在深夜昏暗的燈光，與遊民好奇目光的注視下，我滿懷恐
懼地開始玩猜字遊戲：

「請問，有……Albert's Garage 嗎？」

「沒有。」

「有……Brian's Shop 嗎？ Brian's Garage?」

「沒有。」

經過由 A 到 Z 的努力，我發現，我對於美國修車廠名稱的常識十分貧乏，半
個小時後，我徒勞地承認失敗，並另謀出路。最後，我謝謝麗莎的耐心陪伴。
麗莎十分惋惜我沒有挑戰成功，掛上電話前，依公司規定，她祝福我有一個
美好的夜晚。

# 讀水

小時候令我著迷的眾多事物，水表是其中之一。

在屋頂的一處角落，藏著左鄰右舍的水表們，昏昏欲睡的夏日午後，我喜歡凝視著這些水表：有些水表，靜止不動，大概他們家中都在午睡吧？有些緩緩地轉著，像是鄰居家中老人的蹣跚；有些靈巧地打轉，像是年輕女孩的腳步。從這些水表，我可以閱讀出他們家中用水的速度，想像樓層底下的鄰居，正在做什麼事情，是母親用潺潺流水正在細心地洗菜？還是父親嘩啦啦地放水洗澡？或是沖水馬桶瞬間洩洪，儲水又戛然而止。這些小小的水表，安靜地向我訴說，從遠方來的水滴與人們生活邂逅的故事。

回到家中，當我打開水龍頭時，我也會想像，屬於我們家的那個水表是怎樣地轉動。而在我的想像中，每一滴水，如同一隻隻的飛鳥，經過了漫長的管路，從山的那一邊，長途跋涉旅行到我們家中，從水龍頭中好奇地探出頭來，想要知道牠旅行的終點，會落腳在什麼樣的家中。

《置換試驗》
數位印刷
W250 x H100 cm
2001-09-12

# 照片與證據

1987 年，Adobe 出版了 Photoshop 軟體，這對世界造成的改變，直到現今我們還在領悟之中。

我的一個朋友 L，在大學攻讀生命科學（Life Science）博士班。他的論文中，需要做關於 DNA 的實驗，這實驗的結果，是將產生出的 DNA 放在培養皿中，用酵素將 DNA 的分子切斷，然後在培養皿中通上電極，讓有極性的 DNA 片段被不同的極性吸引。因為不同大小的片段有著不同的重量，所以會在培養皿上移動的距離也不相同，而產生一道道條紋，實驗結果便是用拍立得底片將條紋拍攝下來，然後根據這些條紋移動的距離，可以推算出 DNA 的組成。

一個完美的實驗，所得的條紋應該是互相平行與等距的，但我的朋友 L，因為實驗器材的誤差，他的結果稍微有些扭曲。因為趕著畢業，L 又是一個完美主義者，所以他將照片給我，希望我用 Photoshop 幫他「美化」一番。

以 Photoshop 的功能而言，將醜女改成美女或是將照片上的人物修不見，這是個不費吹灰之力的工作，幾分鐘不到一張完美無瑕的實驗照片便完成了。比起在照片中加入飛碟等高難度的工作，這樣簡單的修改完全無法看出；我邊做邊想，當 Photoshop 發明後，有多少實驗室的照片經過這樣的「修正」？

也許，Photoshop 早就已經在車禍胎印照片、土木結構測量、醫療診斷影像（X 光、MRI、超音波等）牽涉到高額金錢的領域發揚光大，只是我們不曉得而已。

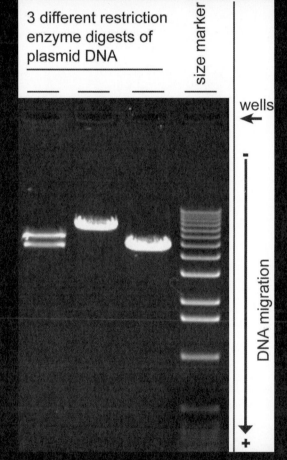

3 different restriction enzyme digests of plasmid DNA

size marker

wells

−

DNA migration

+

# 100
# 人海戰術

垃圾廣告發送公司,遇到驗證碼CAPTCHA(Completely Automated Public Turing Test to Tell Computers and Humans Apart)時都失敗了,因為要電腦辨識這些歪歪扭扭的文字,真的很困難。但是,最近有些小公司崛起,利用「雲端人腦」來解決這個問題。

他們在俄羅斯與大陸雇用了許多廉價勞工,以每月50美元的薪資,不斷地將垃圾廣告機器人遇到的驗證碼送給這群勞工,他們用肉眼辨識結果後再傳回去,讓垃圾廣告機器人可以在各種社群網路上面張貼垃圾廣告。

*following finding*

© BMaurer at en.wikipedia/ Wikimedia Commons / public domain

這些運用人海戰術的例子,在大陸、印度與俄羅斯開始興盛。這樣的操作,是人力昂貴的西方世界所無法想像。我一位在好萊塢電腦動畫後製公司的朋友曾聊到:類似如《魔戒》這種大規模戰爭場景的特效片,特效公司花費鉅額的金錢開發電腦模擬程式,並需要大量的電腦運算才能得到逼真的影片。但是在大陸,他們可以直接找真人演出,成本比電腦特效省下許多。

另外一個例子,是大陸的APP市場的灌票,灌票公司雇用許多人,將某個APP的人氣衝上客戶指定的數字;這些結合網路雲端與大量人力的獲利模式,可能成為東方獨特的經營方法。

# 101 真假互動

陳逸甄 繪

P 先生是《富比士（Forbes）》雜誌全球前 10 名的首富，我朋友曾受邀到 P 先生家作客。在參觀完他的豪宅後，P 突然一臉神祕地說道：「你想聽什麼音樂？」朋友回答：「〈加州旅館〉」。於是，P 對著空中說道：「請播放〈加州旅館〉」。話剛說完，音樂便響起。朋友十分驚訝地說：「啊！你這個房子真是高科技啊！」P 非常得意：「你想要知道這是怎麼做到的嗎？」他帶著朋友穿過大廳，打開在樓梯下小房間（就是哈利波特在麻瓜叔叔家裡住的地方）的小門，裡面是一間監控室，佈滿監視螢幕，這個小房間擠了三個警衛，正在聚精會神地盯著監視器，監聽每個房間的風吹草動。當 P 下了剛剛的命令，他們便手腳伶俐地找出音樂播放。

直到現在，當我在做短期的互動裝置計畫時，還是常常想到這個故事：到底是花好幾天的時間去寫一個複雜的程式？還是找個工讀生、看著監視器，然後用滑鼠與鍵盤下達指令，讓電腦產生互動的效果？

# 102
# 數位家庭

一天，我在超市做例行的週日日用品備貨，當我排隊等結帳時，無意間聽到了一段有趣的對話。

我前面，是一個母親帶著 3 個孩子，在排隊的空檔，詢問孩子是否整理好他們的房間：

> 「約翰，你有把你的玩具放回櫃子中嗎？」
> 「是的，媽媽。」
> 「提姆，你有清掃你的房間嗎？」
> 「是的，媽……。」
> 「那你有把伺服器上，你的空間整理乾淨嗎？」
> 「崔普，你有檢查過，大家的防毒軟體都更新了嗎？」
> 「是的，媽。」
> 「……」

# 103
# 不義的自動販賣機

在日本的某寺廟，以喜歡與觀光客親近的野生猴子聞名。這個景點裝設了供
遊客投幣的自動可樂販賣機。當野生的猴子看到遊客投幣而獲得可樂後，猴
子除了乞討食物外，也會向遊客乞討硬幣，並學會將硬幣投入販賣機以獲取
可樂。於是，遊客樂於提供猴子硬幣，觀賞猴子模仿人將硬幣投入而得到可
樂，猴子也適應了這種稍嫌複雜的乞食行為。

數年後，因為原物料漲價，自動販賣機的可樂售價也跟著調漲，以前值一枚
硬幣的可樂，現在要兩枚硬幣才能買到。當猴子再度拿著乞討來的硬幣投入
機器後，牠們不再得到清涼的可樂。這樣的結果在猴子的社會中引起軒然大
波，第一隻猴子什麼也得不到，而第二隻猴子則仍可以獲得可樂。猴子不但
彼此互相撕咬，並且開始敲打「不義」的自動販賣機；牠們不理解為何原來
如此公平易懂的因果關係，突然變成一種有偏愛的給予。

# 104
# 車的文化

汽車這個工業產品，跟美國的文化有著不解之緣。電影的類別裡，因為汽車，也有所謂公路電影（Road Movie）的類型：如文 · 溫德斯（Wim Wenders）的《巴黎，德州（Paris, Texas）》，雷利 · 史考特（Ridley Scott）的《末路狂花（Thelma & Louise）》等；公路電影顧名思義，就是整部影片敘述在開車之中所發生的事，或是說在整部影片中，劇中人幾乎都在車上生活。

曾經有一個關於美國年輕女性失去貞操年齡大幅降低的研究，其中歸納出的兩個主要原因：一個是避孕藥的發明與普及，另一個則是汽車的發明；避孕藥消除了懷孕的風險，車子則提供年輕人一個機動而隱密的場所。

如果將美國文化與其他文化做個比較，排灣與泰雅族的成年禮，是想辦法獵捕一隻山豬或鹿，非洲與澳洲的原住民部落則是舉行割禮；但對於美國男性而言，成年禮的象徵卻是：得到第一輛自己的汽車。

深入探討這個現象，會逆轉一般人對於東西方文化的籠統想法。大家很常聽到這樣的說法：「美國是年輕人的自由天堂」、「東方的社會比較傳統、保守，年輕人生活在老一輩的權威之下」云云；然而，如果真正經歷了老美的生活，會發覺完全不是這麼回事。

對於美國人來說，社會中上階層，都希望住在郊區，也就是台灣所謂的「鄉

下」。他們去上班、去休閒、去找朋友都要開車。對於一般生活在郊區的美國人來說，每天花一個小時通勤是很普遍的事情（而且還是開高速公路）。在有錢人的郊區裡，大眾運輸系統通常都不普遍。他們的下一代，在還沒成年前，要憑著步行或是腳踏車去找朋友、或是到娛樂場所是非常困難的。所以，有在美國養過孩子的人都有這樣的經驗：週末與下班時，是被一連串的「接送兒女」的行程所填滿——接送兒女上下學，接送兒女去學琴，接送兒女去打棒球……表面看來，家長非常照顧兒女，凡事都要事必躬親。然而，仔細想想，其實小孩所做的任何活動，都被父母牢牢掌握。小孩無法自行到不被父母允許的朋友家中、或是娛樂場所。所以，比起東方社會，美國成年人對於未成年人有更嚴格的掌控；在台灣，因為大眾捷運系統的發達、地小人稠、與警察對未成年人騎摩托車或開汽車睜隻眼閉隻眼的處理態度，我記得在我初中的時候，就可以憑著公車與自己的雙腳，逛遍了西門町各式各樣的聲色場所。

有了這層了解，便能夠明白，為何美國男孩子的成年禮是一部自己的車子：它代表的是他們行為上的自由與性生活的開始。在史蒂芬 ・ 史匹柏的電影《外星人（E.T.）》中，騎著自行車的青少年對抗開車的大人這樣的意象，對於老美而言，是有深刻的文化意涵。

# 105 馬路上的擬態

藪貓耳朵上的花紋，讓背後的捕
食者有所警惕。

陳逸甄 繪

哪一位騎士會更引起你的注意？

現代人開車越來越漫不經心，駕駛的周遭充滿了令人分心的事物，從手機、
衛星導航系統到車上影音娛樂設備，開車似乎已經成為次要的事情，我從馬
路一端到另一端的旅程，也越來越驚險刺激。

近來我觀察到：當我過馬路，如果以目光注視來車，司機會比較警覺到我的
存在。當我思索這個現象，想到的是生物學中的「擬態」：一些生物在身體
上發展出類似眼睛的花紋，讓掠食者覺得獵物隨時在注視著牠們；同樣的現
象，當駕駛感覺到路上的行人瞪著他／她時，駕駛會從眾多的分心事物中更
能感覺到行人的存在。

如果這個現象是真的，那麼我們可以以此研發出系列產品，增加交通的安全，
例如在安全帽與騎士雨衣背後繪製眼睛形狀的螢光花紋，讓駕駛更警覺到行
人與騎士的身影，減少在漫不經心的狀態下造成的車禍。

# 106
# 種族歧視的橋

技術是中性的，但它可以傳遞或隱藏人的主觀偏見。最文明、最有效率，但也最殘酷的殺人方式，不是用大規模毀滅武器，而是用制度來殺人。

在美國羅德島有一個都市規畫處的政府官員，因為羅德島社區是富有的白人社區，他又是一個種族主義者，希望阻止有色人種進入，所以他在富人住的社區內設計了一系列的天橋。這些天橋都很矮，因為他認為這些有色人種都比較貧窮，而窮人移動的主要方式是搭巴士。這些低矮陸橋阻擋了巴士的通過，但有錢的人還是可以開著轎車自由進出社區，而只能坐巴士的窮人就會被阻擋在外。

這個偏見透過政令在這個社區裡實行，硬體就是歧視的實體化。技術也變成了偏見的執行者。

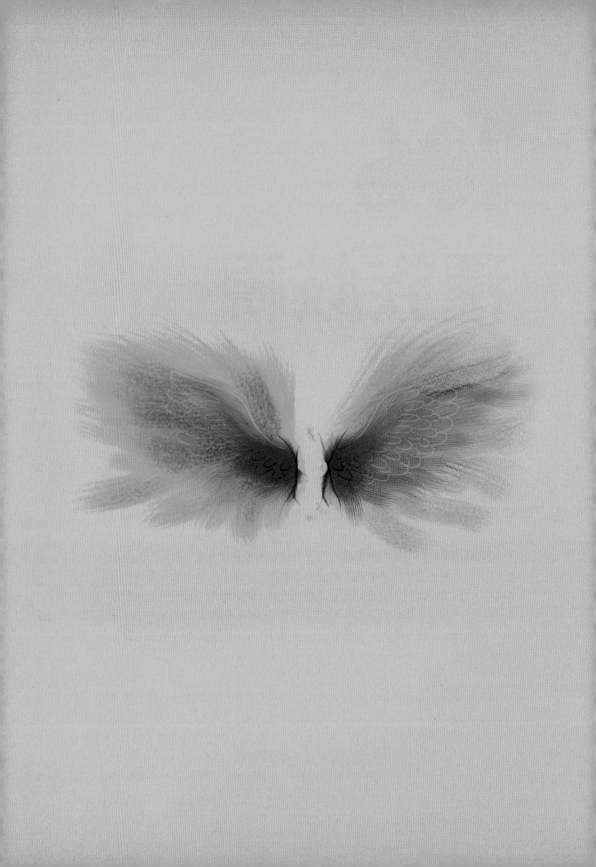

# 奴隷
# 工程

「在友善的天空飛行」── 聯合航空 1965 年開始使用的宣傳口號
Fly the Friendly Skies.

「在我們友善的天空飛行」──聯合航空 1995 年修改後的宣傳口號
Come Fly Our Friendly Skies.

如果你想要飛行，請先想清楚，你想在誰家的天空飛。

# 107
# 數位黑奴

我的朋友 S 是一個來自菲律賓的動畫師，有著對動畫非常好的感觸能力。他到矽谷的旅途，曲折離奇，讓我想起美國南北戰爭前的黑奴。

當 S 在菲律賓時，有家公司詢問他有沒有意願到美國工作，他們鼓吹去那裡可以賺到非常多的錢，並參與有趣且先進的計畫，S 很爽快的答應。但他不知道的是，這家公司是所謂的「人力派遣公司」，他們在世界各地找尋技術嫻熟的專業人員，用旅遊簽證將他們送入美國，安排在需要人力派遣、又願意付高薪的矽谷公司工作，並「保管」護照與薪水。他們對 S 說會把他的薪水寄回菲律賓給他的家人，這邊只提供 S 微薄的生活和住宿費。經過幾個月之後，S 發現情況有點不大對勁，就去跟派遣公司反映，但是這家公司卻恐嚇說，他拿旅遊簽證入境，在這邊工作是非法的，如果他對這樣的情況不滿意，他不但會被移民局關入監牢裡，並且一毛錢都拿不到。

陳逸甄 繪

可憐的 S 一邊要應付堆積如山的工作，一邊又獨自承受這心神上的煎熬，正當他快要崩潰時，命中的貴人出現了。他被派遣去的 O 公司中，負責的主管發現這位純樸少年每天愁眉苦臉地工作，於是想辦法打開了他的心防。當 S 一五一十的把情況跟主管說明後，O 公司才發現他們使用了一家人蛇派遣公司，一個富有正義感的同事，經過了如同電影般的情節，在晚上偷偷潛入派遣公司的辦公室，將這些數位黑奴的護照偷了出來。

第二天 O 公司便與該派遣公司解約，並請律師辦理正式的工作簽證，讓 S 成為他們正式的員工。

雖然現在距離歷史上黑奴的年代已經很久遠，但是人心的貪婪黑暗，只會隨著科技而增幅，而非消失。

# 108 夢遊仙境中的瘋帽匠

© John Tenniel／public domain
《愛麗絲夢遊仙境》中瘋狂的製帽匠（Mad Hatter）。

在路易斯・卡洛（Lewis Carrol）的著名童話書《愛麗絲夢遊仙境（Alice in Wonderland）》中，那位瘋狂的製帽匠（Mad Hatter），其創作源頭其實是來自 19 世紀時，在惡劣工作環境中水銀中毒的可憐製帽工人。

19 世紀的英國，製帽工人用含有汞的溶劑，將毛皮製作成毛氈。在通風極差的環境中，工人被迫吸入大量含汞的氣體，當體內累積一定程度的水銀後，開始呈現出所謂的「瘋帽匠症狀（The mad hatter syndrome）」。其症狀包括：發抖、失去協調感、說話模糊不清、掉牙、記憶力減退、沮喪與焦慮。

直到今天，「瘋帽匠症狀」仍是對汞中毒患者的普遍稱呼。

# 109
## 捐心

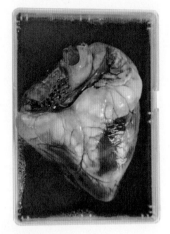
© mikeledray/ shutterstock.com

有位朋友，曾在飛機製造公司 M 工作；他的客戶，包括了某石油王國的皇室。
國王與皇后們擁有整個機隊；當皇后們到歐洲購物時，會出動 4 到 6 架客機，
一架是自己乘坐，其他的則是用來載運她們購物的商品。

在國王的某次生日，他為自己訂購了一架豪華客機，由我朋友的公司負責裝
潢。當然，每個座艙都非常豪華，用沙漠子民最喜歡的綠色為主色。因為那
位王室有心臟方面的疾病，所以，飛機上裝設了一間全功能的心臟外科手術
室，以及一支心臟外科醫療團隊待命。

「然而，這還不是最令人驚訝的，」朋友說道：「因為，在這個國家，國王
擁有一切，包括人的生命；所以，在那間手術室裡，有個人隨時待命，當國
王需要時，將他的心臟捐出，移植給國王。」那時，我覺得，這是個很棒的
工作，不需要工作，可以到處旅行，唯一的缺點，是發生機率極微的職業傷害。

此後，我有時會夢到，我獨處於一個蒼白的房間進行創作，一面豎起耳朵，
仔細傾聽是否有雜亂的腳步聲的來臨，要求將我的心臟捐獻出來。

# 110 我是熱點

Courtesy of Colorlines.com

雇用街友散發傳單或賣報紙雜誌,這是行銷公司常用的手段,一方面街友沒有固定攤販的場租、清潔等費用,一方面又可以掛著慈善的名號,造成雙贏的局面。

美國一家行動熱點公司,發給街友 4G 熱點基地台,只要行人靠近這位街友,就可以使用他的行動熱點。該公司還發給街友 T-shirt,上面印著:

「我是 XXX,一個 4G 熱點。」

「人體熱點」的訪問片段:http://www.youtube.com/watch?v=JXzdPEVd5YU

# 111 被插過的痕跡

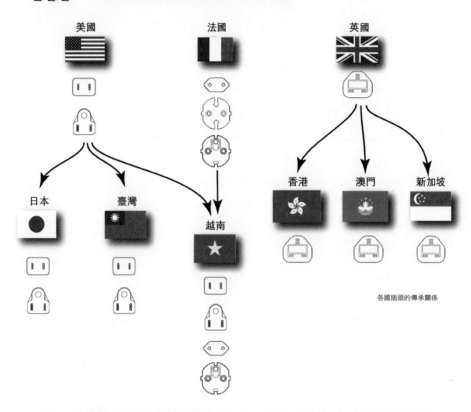

各國插頭的傳承關係

其實，要看哪國曾經被哪國扶植與佔領，或誰是誰的附庸，看該國的插座規格就可以了解。例如：台灣與日本用的插座規格，和美國是一樣的；而曾經是英國殖民地的香港、澳門與新加坡，都用的是英國的規格。曾經被法國統治，後來成為美國附庸的越南，則保留這兩國插座的規格。

這大概是所謂的：「凡被佔領，必留下痕跡」吧！當一個國家，在現代化的萌芽階段，曾經被強國所統治，只要該國的規格被打通，接下來的商品與相關系統，都可以源源不絕地輸入。所以殖民政策，一定是先將鐵路、高速公路、電力系統、金融機構等優先建設，並讓本國的跨國企業進駐與執行。

# Chicago

a

Aa Ee Qq
Rr Ss Tt

Insert disk

abcdefghijklm
nopqrstuvwxyz

特別為72dpi 螢幕而設計的芝加哥字體

0123456789

# 112
# 數位殖民

雖然海峽兩岸對於中華文化都積極地推動，但是因為主事者缺乏科技素養，對於這些展示文化內容的數位平台並不了解，而讓華人文化一直處於劣勢之中。

舉例來說，如果中文是延續中華民族文化的重要媒介，數位化時代中文被軟硬體支援的程度，就代表中文是不是可以在數位化時代有更好的發展。

電腦剛發明時，螢幕解像度約 72dpi（每英寸 72 條線）。這數字是怎麼決定的呢？除了技術上的限制之外，也是價格和性能比較下，可把歐語系文字有效顯示出來，所得到的一個最佳的結果。在麥金塔時代，因為賈伯斯在學生時代曾受過字體課的訓練，對字體呈現的美感有著很高的要求。為了要在低解析螢幕顯示字型，於是邀請字體設計師蘇珊・凱爾（Susan Kare）針對 72dpi 解像度特別設計了「芝加哥（Chicago）」這款字體，讓不那麼細緻的電腦螢幕，可以有容易閱讀並且優美的文體呈現介面與內容。

72dpi 可以有效地顯示歐語系文字，但要顯示中文，則是需要更高的解析度，在這樣的情況下，中文就被放棄了。早期電腦上的中文字體，是由電腦工程師所製作，他們沒有任何設計素養，也沒有太多中文文化相關知識，他們達

成的結果，只是在螢幕上沒有少了文字的筆畫而已。整個華人社會付出的代價是患上近視的華人更多了（眼鏡好像已經成了華人的註冊商標），並且當進入了數位時代之後，整個華語文化退回了文化的黑暗時代。

網際網路時代，文字的排版剛開始是以 HTML（超文件標示語言）為規範，之後發展出了 CSS（Cascading Style Sheets，層疊樣式表）的排版方式，但不管是 HTML 或是 CSS，都未支援中文直排的排版。反而阿拉伯語系要求了 HTML 與 CSS 必須有從右至左的書寫排版。

日本俳句大師松尾芭蕉曾經吟詠過如下的千古名句：「行く末は誰が肌ふれむ紅の花（這將會塗抹在誰的肌膚上呢？我也好想用一次看看啊！紅花）。」這是描述在日本山形縣的女工，一生摘採紅花製成胭脂，但是窮苦的女工，一輩子都負擔不起妝扮胭脂的費用。如果有所謂數位殖民的說法，台灣與中國大陸都是生產顯示器的國家，但我們生產的顯示器，卻從來不能正確地顯示自己的文字。前者的悲劇，在於貧富的巨大差距，但後者的悲劇，卻是民族自身的忽視。這說明了技術人員除了要懂技術之外，還要關心自身的文化，要知道哪些技術的品質必須被要求，才能承載自身的文化核心。

以下是蘋果電腦視網膜顯示器（Retina Display）與一般螢幕顯示中文的對照，

一般顯示器

蘋果的高解析視網膜顯示器

比較之後才赫然發現，我們已經看了半輩子的模糊中文，更讓人臉紅的是，沒有一個華人曾經抱怨這件事，而由老外幫我們解決模糊中文的問題。

我們常說台灣是繁體中文的中流砥柱，但這卻不是出自於對繁體中文的熱情與支持，而是因為懶惰，沒有經費與資源，不想花任何力氣改變，繼續沿用老祖宗傳下來的東西。

政府沒有花任何經費維護繁體中文，我們現在用的字型，是從日本的照相打字字體而來，到了數位時代之後，微軟的新細明體、細明體、標楷體、正黑體、蘋果的中黑、儷中黑，我們用的字型都是外國公司所設計的。在其中，中文的寫法與筆順，都是從日本而來，不但顯示的方式是如此，在剛開始的 iPhone 手寫辨識，裡面所用的筆畫順序都與我們推行的國語大不相同，例如：艸字頭的筆順，在我們小學的正確寫法是：

但是經過 iPhone 的再教育，我們重新學會了蘋果大神可以接受的新寫法：

這看起來像是微不足道的小事，但如果想想，當年日本佔據台灣並開始推行日文時，不少民眾願意用生命抵抗學日文這件事。但是在今天，蘋果電腦用 iPhone 讓民眾自願付錢來改變自己的文化；以武力殖民與用文化殖民，其中的差異不可以道里計，如果再加上網路的加持，這種殖民猶如水銀瀉地，無孔不入。

以下是各公司眼中的「草」字頭，比較起來，其實微軟還滿尊重區域文化的。號稱注重設計與人性的 Adobe 與蘋果，其實都不太管當地文化的正確性。

| 正確的草 | 微軟的草 | Adobe 的草 | 華康的草 | 蘋果的草 |

或從「口」這個字來看，如果以正確的書寫方法來寫，會發現最下面的一筆橫畫應該是向右突出的。但是因為我們的電腦字體是臨摹日本的照相打字而來，而日本「口」的筆順，則是先寫下面的一橫，再寫右邊的一豎，所以日本的「口」字是向下突出的。以下左邊是教育部發行的正確寫法，右邊則是日本的寫法：

但是這些字體設計真的很醜，並且很少人知道，所以一般設計師還是用著從日本沿襲而來的字體，讓我們驕傲的繁體字連印出來的樣式都是錯誤的，這些都是當我們進入到數位時代時，文化上的基礎建設，不能讓我們自己的文化核心，被商業公司恣意決定；但是不知何時，才會有人開始關心這些事情。

© 教育部

教育部的網站有正確且免費的字體下載。

http://www.edu.tw/pages/detail.aspx?Node=3691&Page=17018&Index=3

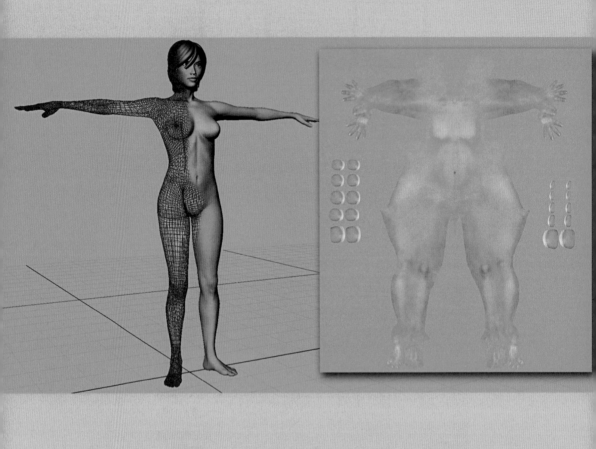

# 「看」的工程

「太原王生，早行，遇一女郎，……乃二八姝麗。心相愛樂……
（王生）躡跡而窗窺之，見一獰鬼，面翠色，齒巉巉如鋸。鋪人
皮於榻上，執彩筆而繪之；已而擲筆，舉皮，如振衣狀，披於身，
遂化為女子。」

——《聊齋誌異·畫皮》

# 113 畫皮

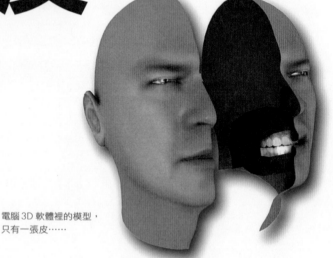

電腦 3D 軟體裡的模型，
只有一張皮……

《聊齋誌異》中有一個畫皮的鬼故事：一位書生在外遇到一位二八麗人，但
後來發現她是惡鬼的化身。其中關於惡鬼化人的描述十分細緻而有趣：惡鬼
將一片人皮鋪平在床上，在上面用彩筆繪製美女的五官與身體細節，然後如
穿衣般，將這套人皮大衣穿在身上，即化成美女。

當我開始學電腦動畫時，回想起這個故事，感到有些毛骨悚然；因為電腦 3D
軟體的模型，其實只有一層薄薄的表面，而我們在模型上製作的貼圖，就如
一張攤開的人皮，再將這表面將貼圖覆蓋上去，這過程與鬼故事中女鬼的行
徑，有著驚人的相似之處。

# 114
# 最昂貴的廣告片

在美國各地都有的 Disney Store

我的朋友J是迪士尼的動畫師,常戲稱他所製作的,是全世界最昂貴的廣告片。

迪士尼卡通電影的最主要目的,就是促銷電影帶來的周邊商品,這些隨著電影開演而販售的商品,包括在美國迪士尼商店(Disney Store)中販售的相關公仔、布偶、T恤、童書等,還有麥當勞、漢堡王等速食店配合兒童餐一起販售的玩具,一部成功的迪士尼卡通電影,除了要有好的票房之外,還要幫周邊商品成功地行銷與廣告。

這種銷售模式行之有年,另一個成功案例是《007》系列電影,裡面從龐德所穿的名牌西裝、名車、名錶,到抽的雪茄,都在影片上映前就已經回收電影的製作費用。

「置入性行銷」已經是大家可以接受的行銷方式,而身為觀眾的我們,也習慣了付錢在黑暗中花個 2、3 小時看廣告的行為。

# 115
# 最賣座的電影
# ＝ 特效片

如果看一下全世界最賣座的電影，就可以發現，特效與電腦動畫真是功不可沒。

1. 鐵達尼號　Titanic (1997)
$1,835,300,000
2. 魔戒 3　The Lord of the Rings: The Return of the King (2003)
$1,129,219,252
3. 神鬼奇航 2　Pirates of the Caribbean: Dead Man's Chest (2006)
$1,060,332,628
4. 蝙蝠俠之黑暗騎士 The Dark Knight (2008)
$987,531,387
5. 哈利波特 1 Harry Potter and the Sorcerer's Stone (2001)
$968,657,891
6. 神鬼奇航 3　Pirates of the Caribbean: At World's End (2007)
$958,404,152
7. 哈利波特 5　Harry Potter and the Order of the Phoenix (2007)
$937,000,866
8. 星際大戰 1 Star Wars: Episode I - The Phantom Menace (1999)
$922,379,000

9. 魔戒 2  The Lord of the Rings: The Two Towers (2002)
$921,600,000
10. 侏羅紀公園  Jurassic Park (1993)
$919,700,000
11. 哈利波特 4  Harry Potter and the Goblet of Fire (2005)
$892,194,397
12. 蜘蛛人 3  Spider-Man 3 (2007)
$885,430,303
13. 史瑞克 2  Shrek 2 (2004)
$880,871,036
14. 哈利波特 2  Harry Potter and the Chamber of Secrets (2002)
$866,300,000
15. 海底總動員  Finding Nemo (2003)
$865,000,000
16. 魔戒 1  The Lord of the Rings: The Fellowship of the Ring (2001)
$860,700,000
17. 星際大戰 3  Star Wars: Episode III - Revenge of the Sith (2005)
$848,462,555
18. 星際終結者 Independence Day (1996)
$811,200,000
19. 蜘蛛人  Spider-Man (2002)
$806,700,000
20. 星際大戰  Star Wars (1977)
$797,900,000

資料來源：http://www.imdb.com/boxoffice/alltimegross?region=world-wide

在這 20 部電影裡的電腦動畫與特效，只能說是用錢砸出來的。這說明了一
個事實：

　　我們人類真的很愛看特效！

# 116
# 愚弄眼睛的人

據說，古希臘的人們認為，繪畫的最高境界就是「像」，當時兩位最有名的畫家，宙克西斯和帕拉修斯進行公開比賽，搬出自己最寫實的畫。宙克西斯畫的是一位小孩，頭頂著一籃葡萄，而帕拉修斯卻耍神祕，用一塊布蓋著他的畫。

小鳥看見了宙克西斯的畫，都忍不住飛到畫上去啄食葡萄。當宙克西斯洋洋得意自己的成功，而要帕拉修斯快點將布揭開，讓大家看看他的畫是否可以與自己匹敵時，帕拉修斯說道：「你的葡萄欺騙了小鳥，但是你所畫的小孩卻沒有讓小鳥感到害怕。而我畫的，就是一塊布，你的畫可以欺騙鳥的眼睛，但我的畫卻欺騙了畫家。」

沒有錢蓋場景、或是需呈現難以搭出的場景的時候，就先畫好背景再合成在影片裡，很多電影都使用場景畫家，通常稱為「背景畫家」（matt painter）。早期的背景畫家是畫在玻璃上，用重複曝光的方式與真實景色結合，現在則都是用電腦來合成。

在業界裡流傳著一個故事：有兩個背景畫家聊天，一個人說道：「上星期 XX 電影中有你畫的背景，真是壯觀啊！」另一位回答：「如果你可以看出來那是畫，那麼我的功力還沒有很到位……。」

# 117
# 在這個紅綠燈
# 看下個紅綠燈的人

一位在紐約的朋友 M，自稱他是在這個紅綠燈看下個紅綠燈的人。

在 Photoshop 發明前，傳統化學暗房是修片唯一的選擇，照片必須在飄著刺鼻藥味的傳統暗房做加工，用各種遮罩與重複曝光等技巧修改照片。因為先天的限制，客戶也不會要求做太複雜的修改，收入很是豐厚。M 曾經豪邁地說，他們是紐約前 10 大暗房公司，那時候他只要跟客戶說多少費用，客戶從未討價還價；但是在 Photoshop 發明後短短 1 年間，他從案子多到接不完，到一件案子都沒有。

之後他花了 4 年的時間從頭學電腦、買設備，重新出發。但客戶被 Photoshop 的強大功能養壞了胃口，有時聽到客戶的修片要求，只能以「不可能的任務」來形容。雖然 M 又從新回到了富人的行列，但是從此以後，他對自己的老本行懷著深切的恐懼，不曉得何時又會出現從未聽過的軟體，讓他現在的一帆風順掉到失業的狀態。

數年前我聽說他把公司賣掉，在上海買了幾棟公寓，並搬到上海去當寓公，從此揮別數位科技的惡夢。

# 數位禪

「身是菩提樹，心如明鏡台；時時勤拂拭，勿使惹塵埃。」 —— 神秀
「菩提本無樹，明鏡亦非台；本來無一物，何處惹塵埃？」 —— 慧能

# 科技禪

神秀與慧能兩句對應的佛偈,是禪宗哲學的著名公案:

「身是菩提樹,心如明鏡台;時時勤拂拭,勿使惹塵埃。」
「菩提本無樹,明鏡亦非台;本來無一物,何處惹塵埃?」

這件作品,以《拂拭》為名,當觀賞者在桌上做出拂拭的動作時,空無一物的桌面,會隨機地出現《金剛經》的文字。然而,同樣的動作,也可能會將原來的文字擦拭消失;在字裡行間,數隻由文字形成的魚,會追逐並吞噬桌面上的字句,在觀賞者的掌間游動。

拂拭的動作,是使代表知識的文字出現或是消失?而光影文字所構成的魚,似乎可以被手所捕捉,並在桌面上迴避代表「實」的任何物件,但又隨即隱去;知識與塵埃的隱喻,心與手的對映,是這件作品希望在思想中激起的漣漪。

《拂拭》
紅外線攝影機，投影，客製軟體
尺寸視場地調整
2006-05-12

# 119
## 音之禪一

霍茲曼（Steven R. Holtzman）曾說過一個故事：

在喜馬拉雅山遊歷時，他發現他的嚮導經常拿著老式的電晶體收音機聆聽，而他傾聽的，並非任何的電台廣播，而是介於電台與電台之間，飄忽不定的雜訊音頻。因為對於尼泊爾人來說，話語與流行音樂，反而是種亂人心境的干擾，而如同梵音般的收音機調幅雜音，卻能對他的心靈產生慰藉。

雜訊抑或是梵音，只在一念之間。

# 120
## 音之禪二

© VICTOR TORRES / shutterstock.com

當年在矽谷工作的期間，有一段時間我住在金山公園的對面，緊鄰日落區的救火隊。

一天，一位前衛音樂家朋友出了新專輯，伴著日落區的落日，我將聲音開到最大，享受這充滿實驗性的音域。在奇異的聲音堆砌中，伴隨著極具臨場感的警笛聲，這些聲音巧妙地結合在一起，讓我體驗了難以忘懷的聲音之旅。

數天後，我又重聽這張 CD，但總是覺得音樂中少了什麼，後來我才發現，那天傍晚，舊金山發生了嚴重的火災，我家旁邊的救火隊全部出動，而我一直覺得缺少的元素，就是當天消防車經過時震耳欲聾的警笛聲。

# 121
# 靜止的移動

在國外流浪了 13 年，回到台灣時，在機場高速公路旁迎接我的，是這些鐵皮屋頂上的輪胎，用它獨屬於台灣的風情，確認我的歸來。

這是台灣常見的特色建築法，因為台灣多颱風，而使用最便宜的廢棄材料，形成這樣的建築方法。然而，這種被一般人認為簡陋與粗糙的工法，如果深入想想，其實充滿了禪味：輪胎，本來是讓物體移動的裝置，但於在地文化的思考下，反而成為一種讓屋頂靜止的荷重；靜止與移動，本在一念之間。

這個景色讓我想起禪門的小故事：三個和尚看到旗桿上飄動的旗子，第一個和尚說：啊！這是旗子在飄動。第二個和尚說：不不不，這是風在動。第三個和尚說：這是你們的心在動。

每當看到這熟悉的景色，我覺得，每個輪胎，彷彿都在洩漏這小小的禪門公案。而在我的想像之中，遙遠的天際，輪胎重重疊疊，彷彿拼構成轉法輪印的手勢。

這是我回台灣後，用鐵皮屋頂、輪胎與電腦繪製出，屬於數位時代的禪畫。

《靜止的移動》
數位印刷
W100 x H200 cm
2003-04-22

# 122
# 心之鯉

我們對於內外，常有以下的既定印象：

內是熟悉與已知的，外是陌生與未知的；
內是既有的，外是需要探索與理解的。

然而，隨著人類對於世界的持續探索與知識累積，這樣的既定印象已經開始反轉。體外的世界，反而比體內的世界容易了解。我們用語言與工具，可以對這外在的世界做精密的量測與操縱；但是，體內的世界，卻像是一個黑洞，隱藏著各種情緒與記憶，這些，只能透過當事者自發性的抒發，藉由有限的語言文字，才得以與外界溝通。

我們的腦中思想與記憶，越來越如同一個黑盒子，身為主體的我們，其實並不是那麼清楚腦內的活動。像是突如其來的情緒、遍尋不著的回憶，相對於電腦裡的檔案，我們可以井井有條地整理分類，用各種工具搜尋，或是隨意地執行某個程式。相對於這些清楚明白的電腦操作，我們自己的人腦就顯得晦暗不明。

或是我們自己的身體內部，看不見的慢性疾病的滋生，如果沒有醫療器材的檢測，我們常常也不知自身的狀況；相對於我們身邊的外在環境，我們可以用感官一目了然，外在的世界反而比內在的世界更容易了解與操縱。

隨著科技的進步，有人預測，我們下一個重大科技的突破，並非對於外在世界的理解，而是去了解我們的自身，包括我們自己的思想、DNA 的傳承、我們內部的小宇宙是如何運作。

所以，對於內與外的認識，可以修改成：

　　外是熟悉與已知的，內是陌生而未知的；
　　外是既有的，內是需要探索與理解的。

這也是我創作《心之鯉》背後的想法：一隻由「心」所組成的虛擬鯉魚，悠游在牆上的投影裡。訪客的影子擋住牠的去向時，鯉魚會避開，轉折到白色的畫面。參訪者的影子，將這隻鯉魚的世界，分割成亮與暗的兩個部分。

在這個互動裝置裡，光亮的投影，有著以語言符號構成的「心之鯉」悠游其中。這外在的世界，像是遠古神話中的巴比倫塔一般，由於有統一的符號來描述與操縱，是一個屬於「知」的世界。然而，參訪者的影子，代表著的是在意識底層的暗影，陰暗的「未知」世界，這是一個很少被探索與控制的世界。

當參訪者越靠近投影機，他的影子就會越大，而將「知」的部分遮蔽，而「心之鯉」也會失去它游動的空間。

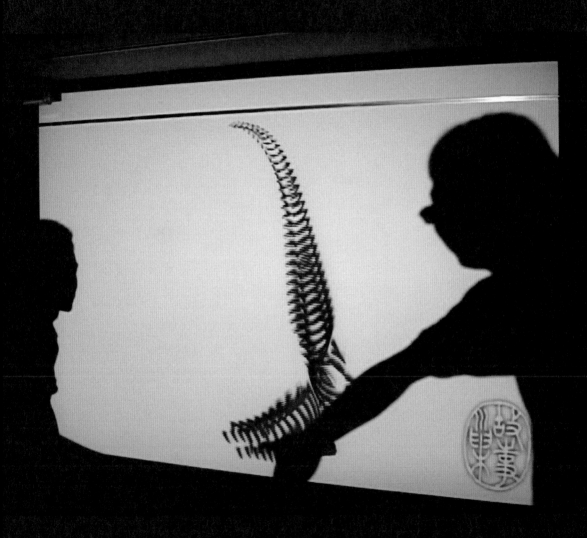

《心之鯉》
攝影機，客製軟體，投影
尺寸視場地調整
2003-08-26

# 科技藝術的省思

「當你凝視深淵時，深淵也凝視著你。」——尼采

When you gaze long into an abyss the abyss also gazes into you.

# 123

# 瞪回來的作品

J是我非常喜歡的一位數位科技藝術家，他曾經有一件互動藝術裝置作品，是用攝影機將周圍的影像錄下來存在硬碟裡面，然後會隨機地將曾錄製的影片播放出來。這個作品後來由一對夫婦收藏，並放在他們家中客廳裡。

後來，J有個巡迴的個展，他向這對夫婦借了這件作品展出。經過幾個禮拜的巡迴，J突然記起一件事：這個作品會把周遭的影像錄影下來，所以在這夫婦收藏的時間裡，這個裝置藝術已經把他們的生活都錄了下來。在展覽現場，這對夫婦的私密生活，偶爾會在畫面上一閃而過。

以前的作品只能被動的被觀賞，但是對於今天的科技藝術，觀眾要小心，當你瞪著藝術品時，有時藝術品也會反瞪回來。

# 124

## 一件沒有觀眾的作品，還是作品嗎？

哲學中有個有趣的問題：

如果在空無一人的樹林中，一棵樹倒下，那麼，這棵樹產生了聲音嗎？同樣的問題，也可以在藝術領域中詢問：

一件沒有人觀看的藝術品，它，還是藝術嗎？

我在 2009 年創作了一件互動作品《凝視》，想要探索這個問題，這作品運用人臉與表情辨識的技術，可以偵測到觀眾是否注視這件藝術品，當沒有人望著這件作品時，螢幕是空無一物；但是如果有人看著它時，作品的攝影機辨識到觀眾的凝視，因而啟動互動機制，與觀眾的行為與認知產生意義。

這件作品的靈感來源，是一次我看到一張古老的家族黑白照裡，被攝影封存的面孔，因為血緣的關係，每個相貌都有細微的相同之處。不管是男是女，是老是少，有如一個古老家族的幽魂，經由血脈的連結，從每個族人的臉中隱約浮出。

這件作品的互動方式是：當觀眾坐在投影銀幕的前方時，電腦會擷取觀眾的臉部影像，並在畫面上產生幾位類似家族的虛擬人物，每個人都長著如同該觀眾的臉孔，並對望回來；影像以古老的家族照片的方式呈現，而將觀眾放置在一個攝影師的旁觀者地位，闖入一個存在已久的古老家族，超現實地凝視一個以他的臉孔繁衍出的家族照片。

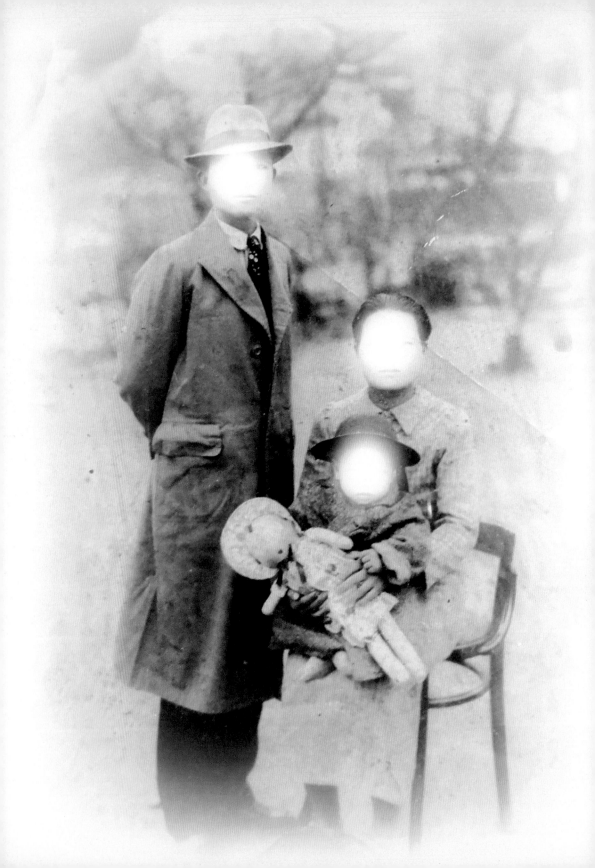

《凝視》
攝影機，臉孔辨識軟體，動畫
Variable Dimension
2009-04-20

# 125
# 沖水馬桶是國家機密

1917 年，現代藝術的先驅馬塞爾‧杜象（Marcel Duchamp）用小便斗做了一件作品《泉》送去比賽。從今天來看，我認為這是世界上第一個科技藝術的作品。

當年，英國伊麗莎白女皇的教子約翰‧哈靈頓爵士發明了抽水馬桶，並安裝在里奇蒙宮中。雖然，由於沖水的聲音太大而讓伊麗莎白女皇不喜歡使用抽水馬桶（基於皇的禮儀，嘩啦啦的沖水聲等於昭告天下，女皇已經如廁完畢），但是有一次，一位外國使臣晉見女皇時，看到了抽水馬桶，當時驚為天人，要求女皇將抽水馬桶賞賜給他。女皇當場拒絕，並留下了奏批文字：

「因為抽水馬桶屬於國家機密，所以不能流落到外國。」

這看似笑話的歷史，但是如果仔細想想，在還沒有抽水馬桶的年代，不管是窮人或富人，只要在房子中有了夜壺，一股隱約的尿臊味就揮之不去，在我們講求「乾淨無味」的現代生活中，抽水馬桶真是個劃時代的發明。

2008 年 5 月，美國臨時發射太空梭「發現號」，其主要任務，是載運新馬桶到國際太空站上，替換突然壞掉的馬桶。雖然花費了上億的金錢，但是想像無重力狀態下漂浮的糞尿，太空人是否還可以進行任務？馬桶真是個重要的科技。

Fountain by R. Mutt                    Photograph by Alfred Stieglitz

THE EXHIBIT REFUSED BY THE INDEPENDENTS

馬塞爾・杜象的作品《泉》。因為害怕太過驚世駭俗（或是沒人理會），
杜象用「R. Mutt」的化名參加比賽。

# 126
# 數位古董：
# 「新」媒體藝術家
# 的技術

其實，每一代的科技藝術家，只要看他的技術，就可以知道他的背景與出道的年代。像是喜多郎（Kitaro），即使現在音樂軟硬體已經改朝換代多次，他還是堅守 1984 年出品的 YAMAHA DX-1，因為他的音樂已經跟這些古董級的技術融為一體，沒有了山葉電子琴，也沒有了喜多郎。

又如動態雕塑大師泰奧‧揚森（Theo Jansen），他用來計算這些複雜機構的硬體，還是非常古早的 1980 年 Atari 電腦；蘿瑞‧安德森（Laurie Anderson），她最好的作品，卻是以類比式的電子電路所製作；白南準的錄像藝術，用的是最早期的錄影機與電視。我覺得伴隨藝術家生活與長大的技術，才是他們最有感覺、最能得心應手地運用、也最能表現他們藝術內涵的精髓；運用這種技術所呈現的作品，也最難被模仿，並成為科技藝術史的指標。

我也逐漸發覺，在瘋狂地浪費時間與金錢的幾十年後，我軟硬體的汰舊換新速率也逐漸變慢，可能是自己老了，學習力變慢，也是因為新的軟體並沒有更快更好，或是新的功能並沒有很重要。無論如何，如同莊子所說：「吾生也有涯，而知也無涯，以有涯隨無涯，殆已！」

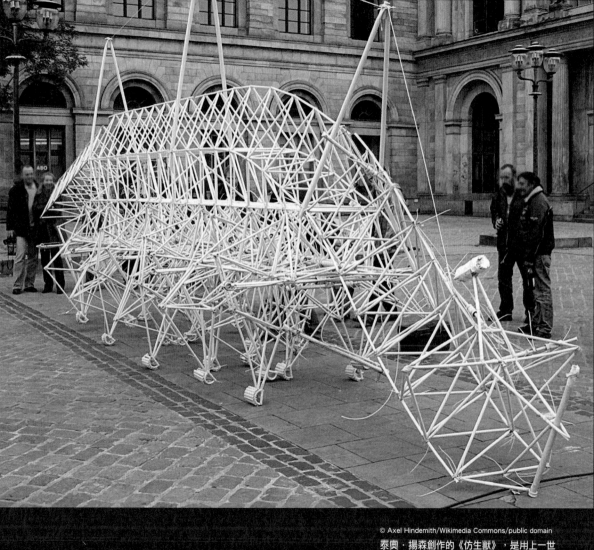

泰奧・揚森創作的《仿生獸》，是用上一世代的電腦所製作出的機械生物。

# 127
# 科技藝術家的穿著

科技藝術家的穿著都是精心打扮，但都並不是為了美觀。數年前，我參加一個新媒體藝術聯展，有位以喜好穿著白色系服裝而著名的新媒體藝術家 L，在我經過他身邊時，正以手機著急地與技術人員求救：

「我已經穿了白色的衣服，為何沒有感應？」

之後我又逛到另一位知名藝術家 W 的作品前，同樣也聽到他非常著急的跟技術人員請求支援：

「我已經穿了黑色的衣服，為何沒有感應？」

我也是特意穿了深色服裝，使作品感應相當靈敏。所以早期的科技藝術家在做影像偵測的作品時，他的衣服一定跟科技藝術有很大的關係。

# 128 極大中的極小

版畫是非常古老的藝術形式，但是當與科技相遇，會激盪出新的火花。在傳統的創作中，因為人力有限，如果要創作宏偉的作品，細節可能就無法兼顧，而如果執著於細節，作品就無法顧到全局。

然而，利用數位的工具，卻可以解決這個問題，現在的專業印表機的解析度，可以達到 1440dpi，也就是每吋可以印出 1440 條線，這是比髮雕與毫芒雕刻更細緻的解像度；以現代電腦繪圖技術的能力來說，我們可以建造一座萬里長城，而長城上的每一塊磚，都可以有毫芒雕刻般的細節。

以上是我數位版畫的作品《平行線》，畫寬 2.5 公尺。當觀看整體畫作時，看似沼澤中的花朵，飄散出細微的花粉，然而當靠近端詳花朵的細部，卻會發現，這些像是花粉的細節，其實是一張張的情書飛舞在空中。這些近乎毫芒雕刻的細節，隱藏在畫中，等待觀者的發掘。

《皮相底層》
紅外線攝影機，表情辨識系統，
客製 3D 軟體。
尺寸視場地調整
2009-01-12

# 129

# 是觀眾還是
# 演員？

在美術館中，我們通常都會認定自己是觀眾的角色，然而互動藝術卻時常顛覆這個認知。

左圖是我的作品《皮相底層》，這是一個運用表情辨識的互動裝置，當參觀者將臉伸入互動裝置的開口後，影像裝置會出現一個巨大的機械臉譜。這個臉譜會模仿參觀者的臉部表情，當他們張閉口，揚揚眉毛，左右搖晃臉孔，這個臉譜也會做同樣的動作。而當參觀者張開口時，這臉譜會開始唱出京劇的唱腔，在這封閉的劇場中，參觀者看到的，是自己戴上一個機械臉譜的獨唱。

戲子在台上唱著悲歡離合，台下的觀眾看得如癡如醉；但是，如果進入了一座戲院，觀眾突然發現，在台上那個手舞足蹈的演戲人，竟然是自己，當從觀眾轉變為演員，人性在那剎那間的心境轉換，是這件作品想要探索的奇妙感受。

在邁阿密藝術博覽會上，等著看
自己表演的人群。

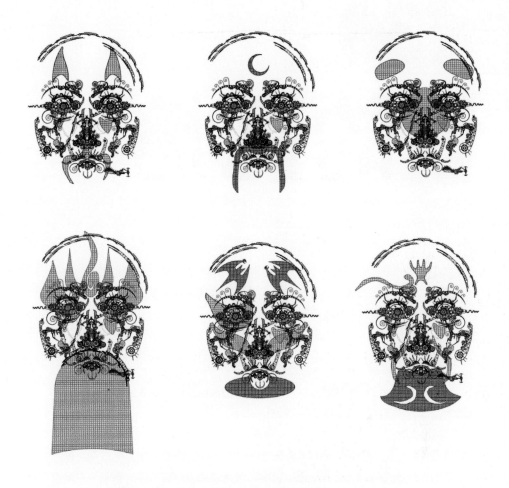

以國劇臉譜轉化的機械造型，臉譜由數個機械配件遞換組合而成。新的觀眾進入時，新的臉譜隨機組合出現，反映出生、旦、淨、末、丑的角色。

# 130
# 音的記憶

樂生療養院是從日據時代便已存在的痲瘋病院，是台灣一個極為重要的歷史地標，因為興建捷運而被迫拆遷。但經過許多抗爭與討論，這充滿歷史記憶的建築將會被保留下來，成為一個紀念場所。

我們常為了地區的進步而反覆地爭論，但直到我們做出這些決定前，我們都必須反覆地省思，反省我們在得與失之間，成為怎樣的人。而我們反省時所做的第一件事，就是傾聽。所以，在這充滿歷史與回憶的土地上，我創立了一個關於「傾聽」的地標：

將各 15 片、厚度 1 公分的不鏽鋼鏤空切割，以如同掃描切片的排列，構成兩座人耳造型雕塑。左右耳鏤空圖案之元素環繞自然與科技的意象、左為齒輪組、滑軌、槓桿等機械元素構成的理性世界；右為自然花草、神化獸形遍佈的圖騰意象。左右耳既對峙又呼應，建構出中間留白的空間，邀請來往的行人進入，成為本作品留白卻最重要的主體，也就是兩耳之間，感性與理性的匯流處——大腦。

在這留白的儀式性空間，我希望往來的行人能在此駐足暫留，沉思以下的 3件事：

《傾聽》
雷射切割不鏽鋼板，QR Code，
影音記錄網站，網路留言板。
W6XH3XL15m
2009-02-20

- 過去曾經在這裡聽到什麼聲音？
- 當下在此聽到的聲音？
- 未來希望在此聽到的聲音？

對應於 15 片雷射切片，我們也在當地居民中選取了 15 位不同年紀、背景、
性別、族群與不同作息時間的當地民眾，象徵當地人的取樣，以訪談的方式，
問他們以上 3 個問題。這些訪談的過程，錄製成紀錄影片，存放於網路空間
之中，對應到雕塑地上所裝設著 15 盞二維條碼（QR Code）埋地燈，民眾
可以用手機拍攝條碼後，播放這些紀錄影片。看完之後，他們也可以透過手
機，將自己的想法留言於網站中。

這個雕塑不只是當地對於聲音記憶的象徵，同時也結合了網路，將當地社區民眾，對於當地聲音的記憶，可以持續地記錄與分享。

他們提供了非常有趣，對於聲音的口述歷史，例如，一位當地農民潘先生，他童年時印象最深刻的聲音是警車的警笛，因為早年政府收稅是由警察協助徵收，所以當農人聽到警車來到時，大家都開始往樹林奔跑躲藏。這些微小卻親切的口述歷史，在我心裡，永遠迴盪於這兩耳所張出的空間之中。

15 位不同性別、年齡、族群的民眾，代表當地的人文切片。由里長伯陳專森幫忙安排尋找，分別為：李俊達、周慧秋、許智堯、陳欣怡、陳素真、陳專森、陳淑芬、黃映翰、楊昌學、劉仕來、劉紀瑩、劉紀誼、潘永富、鄧兆翔和謝言侑。

「傾聽」網站：
http://www.listenspace.org/

# 131
# 印象派其實是科技藝術

印象畫派開始於攝影術發明之後。在印象派之前,西方所有的繪畫不論遠近,都是一樣地清晰,沒有人想過,其實人所看到的影像中,有很大一部分是「模糊」的。

但是這種想法被照相所推翻,拍攝照片時,因為景深、焦距與快速移動所造成的模糊,被相片忠實地捕捉,印象派畫家開始注意這樣的現象,發覺眼睛看到的景色,與描繪出的畫面其實有極大的差距,因而仔細審思自己眼睛到底真的看到了什麼。原本「模糊」在視覺經驗中,總是負面的印象,與失焦、老化等連在一起。但是這些畫家用畫筆證明了「模糊」與「朦朧」也是美的一部分,喚醒了人們的記憶:其實在我們現實經驗中,有許多視覺感受是模糊的、失焦的、抽象的、未曾被解讀的,而讓這些曾經流離失所的經驗,找到它們美的歸宿。

莫內《印象·日出》,裡面描繪著的,是在霧氣中若隱若現的船身,和映照太陽光輝,跳動不定的波光。

蒙娜麗莎的前景與超級遠的背景是同樣的清晰

# 132
# 立體派其實是科技藝術

在攝影發明前，只有富豪才能負擔起畫家昂貴的費用，將肖像繪製留存，但繪畫不但昂貴，又很耗時，所以再有錢、有耐性的人，一生也不過留下來幾張自己的畫像，絕大部分的人，一輩子一張肖像畫也沒有。

想像生活在這樣的社會中，要回想過去的情景與容貌是一件非常困難的事，大家都對過去印象模糊，而用僅有的少數繪畫，當成過去共同的回憶。在那個時候，回憶是單一的、共享的，如果你是在穿短褲與拖鞋的狀況下被畫下來，那麼你就要有心理準備，這將是後代子孫對你的唯一印象。

然而，照相術發明後，短短幾年間，這情形完全改觀了。除了上流社會之外，民眾也可以負擔得起拍照，雖然價格仍舊不菲，但比起畫師來已經是天壤之別。大家逐漸習慣每當家族重要事件，拍張照片留作紀錄。這時，一種奇異的情緒逐漸出現：本來是單一的、共享的回憶，逐漸變成多元的、個別的記憶。例如：昨天穿短褲腳踏拖鞋的我，與前天穿西裝拿公事包的我，到底哪個才是真正的過去？這些對於伴隨數位相機長大的年輕人完全不是問題，但是對於從沒有過去回憶紀錄、到開始有數種版本回憶記錄的人來說，這是一個巨大的衝擊。

我還記得小時候拍照，父母都會要我們穿上最好的衣服，仔細地挑選背景與角度，希望將那時候最有代表性的影像留存起來。這是立體派發生的背景：因為科技的發展，我們突然有能力將不同角度、不同時間與不同空間的同一個人並列在一起，影像作為一個長久時空的紀錄與代表的時代已經過去，過去分裂成為許多不一致影像的集合，如同立體派中的畫作一般，將這樣的分裂與不穩定的記憶呈現出來。

立體派畫家布拉克（Georges Braque）的作品 The Man with a Guitar

# 133
# 包浩斯的
# 機械之愛

工業革命之後，工業產品便宜、製程快、產量又大，讓民眾也可以買得起以前只有富豪才能負擔的產品，但是以當時的眼光看來，這些產品醜到不行。人們習慣於工匠手製的器物，上面裝飾著繁多的雕花與紋理，工業產品雖然有相同的功能，但是在外觀上卻毫無裝飾，於是當時的設計師與工廠開始想辦法讓機械模仿工匠的製品（有如攝影術剛發明時，也模仿油畫的質感好一陣子）。不過這樣的設計，既耗費資源與時間，又無法與手工比擬，成了半吊子的產品。

這種對於工業量產品又愛又恨的情緒持續激盪，終於在 1919 年德國的一群設計師與建築師創立了包浩斯設計學校（Staatliches Bauhaus）。包浩斯的理念是去欣賞「機械」所能製造出來的美，因為這種美是比較便宜的，而且是大眾化的，機械能夠又快又好地生產出直線，所以直線就是美的，機械可以做出平面，所以平面就是美的，而我們要去學習欣賞這樣的美。

包浩斯設計了很多機械所擅長的造型出來，希望工業產品能夠拯救窮人，讓這些美麗而簡潔的現代設計工藝產品一般人都可以負擔，而這就是美。

LC2

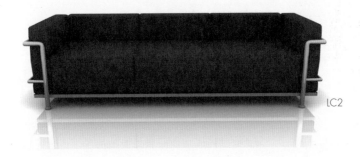

LC2

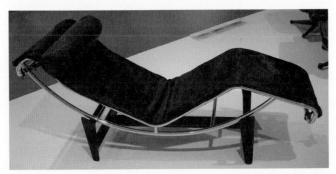

LC4

勒·柯比意的椅子，完全用機器最擅長製造的材料與線條所構成，甚至名稱
也如同工業產品一般，以自己的頭文字取名為 LC2,LC3,LC4。

# 134
# 科技藝術的
# 社會功能

由於新科技的誕生，因而對世界的認知與感受發生變化，這些理解雖然被我們大腦理性的部分所接受，但是感性的另一半卻產生了抗拒與迷惑。這時，社會中的人文領域必須擔負起詮釋與抒發的任務——文學、藝術、戲曲……到哲學，開始嘗試解讀這剛剛吞嚥、難以消化的科技現象。

例如，當手機普及後，許多人還是覺得對著無線藍牙耳機講話的人行為怪異，這些人對著空氣自言自語，偶爾還夾雜著笑聲，表現出如同瘋人的行為；雖然理性上理解這些人為何如此，但是心理上還是覺得無法認同。

一些保守的家長在任天堂 Wii 開賣後，憂心孩子於自己的想像世界中比手劃腳，而與現實世界更加疏離。因為網際網路與地球村的影像，我們開始被日常生活之外的事物影響，但資訊過多又不知如何篩選，而讓我們終日焦慮不安。

這些累積的負面情緒，需要人文領域的解釋與抒發，將這些經驗從原本的憎惡與刻意忽視，轉變成為理解與體會，終而變成我們生活經驗的一部分。

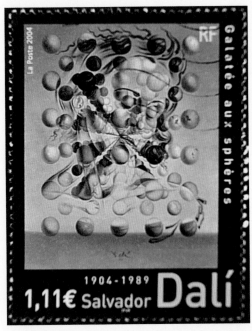

以達利畫作《Galatea of the Spheres》製作成的法國郵票

如果以這樣的思考來解讀科技藝術，會得到更深層與更全面的理解，因為科技藝術一直被認為是在最近才開始出現的藝術流派，在西方通常被稱為「新媒體藝術」（New Media Art）。在一般的認知上，普遍會認為一直到工業革命之後，藝術家將新的工業技術拿來當作藝術創作的工具，新媒體藝術才開始出現。然而，不論在任何年代，當科學與技術的變革，大幅改變了人類的想法，因而引發了非理性的情緒，這樣的社會背景下，往往引發藝術家的創作，協助人們抒發這些迷惑而惶恐的情感。

例如：當原子理論發明後，一般人對於「世界由微小圓球所構成」這樣的觀念充滿了困惑與恐慌，成為達利（Salvador Dali）《Galatea of the Spheres》（1952）這幅超現實名畫的社會背景。

近年來越來越多的科幻電影，更肩負了這責任，例如 1983 年的影片《尖端大風暴（Brainstorm）》，幻想如果個人的經驗可以被錄製與播放的話，對於這世界的影響；或是膾炙人口的《2001 太空漫遊（2001: A Space Odyssey）》，想像如果電腦背叛人類的可能性。

我認為，科技藝術並非近代才開始的一種藝術流派，我之所以使用「科技藝術」而非「新媒體藝術」的名稱，是強調不論在任何年代，都有一群心中對於藝術有熱情的人們，當他們看到新的技術與媒材出現，就會忍不住拿著這些新工具進行創作。如何定義這些人呢？這無關他們的創作主題、創作形式與風格，而是完全針對於他們心中的那把火，他們希望自己是世界第一個看到從未見過的一種藝術呈現的人。

「科技藝術」，是去發掘如何使用科技來擴展人們對於自身的想像、對於自己的定義，尋求所謂「人到底是怎麼一回事」這樣的千古精神命題。與此同時，也嘗試著去思索和回答人與科技的關係：

人可以怎麼使用科技？
可以如何相處？
如何理解？
情緒如何反應？

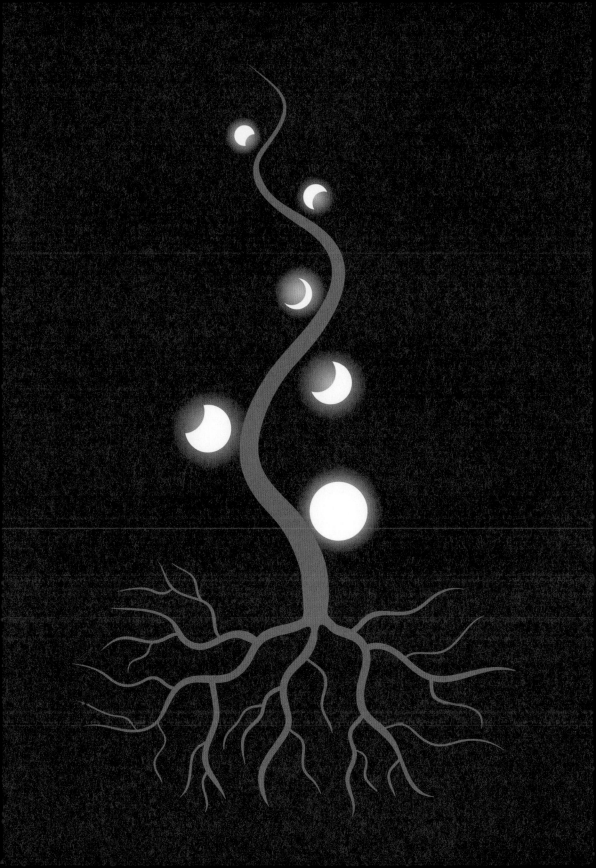

## 圖片來源 Picture Credits

catch 193
科技蜃樓 Technology Mirage

作者：黃心健
插畫：陳逸甄
責任編輯：冼懿穎
美術、封面設計：蔡怡欣
校對：陳佩伶

法律顧問：全理法律事務所董安丹律師
出版者：大塊文化出版股份有限公司
台北市 10550 南京東路四段 25 號 11 樓
www.locuspublishing.com
讀者服務專線：0800-006689
TEL：886-2-87123898　FAX：886-2-87123897
郵撥帳號：18955675　戶名：大塊文化出版股份有限公司
版權所有　翻印必究

總經銷：大和書報圖書股份有限公司
地址：新北市新莊區五工五路 2 號
TEL：886-2-8990-2588　FAX：886-2-2290-1658
製版：瑞豐實業股份有限公司

初版一刷：2013 年 3 月
定價：新台幣 300 元
ISBN：978-986-213-422-1
Printed in Taiwan

科技蜃樓 / 黃心健著 . - 初版 .
- 臺北市：大塊文化 , 2013.03
288 面 ; 17X23 公分 . - (catch ; 193)

ISBN 978-986-213-422-1( 平裝 )

1. 科學技術

400　　　102001813